电力行业智能机器人技术

POWER INDUSTRY INTELLIGENT ROBOT TECHNOLOGY

华志刚　郭荣　主编

中国电力出版社
CHINA ELECTRIC POWER PRESS

内 容 提 要

电力行业智能机器人技术是新一轮电力产业革命中的重要驱动力量，而加快发展各类电力行业智能机器人及其相关基础科学，有助于促进我国电力行业的数字化、智能化战略转型发展。

本书主要内容包括智能机器人产业现状分析、智能机器人关键技术、电力行业对智能机器人的需求、面向电力行业地面作业的智能机器人、面向电力行业高空作业的智能机器人、面向电力行业地（水）下作业的智能机器人，以及电力行业智能机器人技术成熟度评价及案例分析。

本书既可作为高等院校机械、能源动力、电气、自动化、人工智能专业的师生教学用书，也可作为能源、电力领域的研究机构、生产单位、科技公司、制造企业的研发和技术支持人员的参考用书。

图书在版编目（CIP）数据

电力行业智能机器人技术/华志刚，郭荣主编．—北京：中国电力出版社，2023.10

ISBN 978-7-5198-7937-2

Ⅰ.①电… Ⅱ.①华… ②汪… Ⅲ.①智能机器人-应用-电力工业 Ⅳ.①TM-39

中国国家版本馆 CIP 数据核字（2023）第 118199 号

出版发行：中国电力出版社
地　　址：北京市东城区北京站西街 19 号（邮政编码 100005）
网　　址：http：//www. cepp. sgcc. com. cn
责任编辑：宋红梅　董艳荣
责任校对：黄　蓓　王海南
装帧设计：王红柳
责任印制：吴　迪

印　　刷：北京九天鸿程印刷有限责任公司
版　　次：2023 年 10 月第一版
印　　次：2023 年 10 月北京第一次印刷
开　　本：850 毫米×1168 毫米　32 开本
印　　张：10.75
字　　数：229 千字
印　　数：0001—2000 册
定　　价：65.00 元

本书编写组

主　编　华志刚　郭　荣

副主编　林润达　汪　勇　应波涛　范佳卿　俞卫新　姚　峻　张宝军　瞿　进　孙　涛　高　明　吴宏亮　王　健

参　编　（按姓氏笔画排序）

王凯杰　王　霞　方　草　卢　健　叶　军　叶　晶

华兆博　刘一舟　刘　爽　杜景龙　李小丽　李　宁

李　穹　李春雨　李晓斐　时国瑜　吴水木　吴　杰

邱永生　何立荣　闵济海　张荣达　张轲轲　张　越

张　强　陈家颖　武　霖　赵晋宇　赵　琛　查振旺

侯　勇　秦　锋　徐光平　殷辰炜　殷学敏　黄传海

黄国辉　董飞英　蔡钧宇　臧剑南　薛　辉

序1

党的二十大报告提出加快规划建设新型能源体系，为我国能源系统建设指明了发展方向。新型能源系统是利用先进科技和系统来实现能源的高效利用和可持续发展的能源体系。电力行业智能机器人是人工智能技术与能源电力系统深度融合的高科技产品，已经在发电、输电、配电、用电等能源电力领域得到一定应用，是探索新型电力系统的重要一步，成为推进新型能源系统建设的必然要求。

毋庸置疑，中国已经成为全球最大的机器人市场之一，智能机器人技术的发展方兴未艾。近年来，我国政府积极推动机器人产业的发展，相继出台了一系列政策和措施以推动智能机器人研究与产业化。在电力工业领域，近一年来，为了加速关键共性技术突破，国家能源局《关于加快推进能源数字化智能化发展的若干意见》提出，推动面向复杂环境和多应用场景的特种智能机器人、无人机等技术装备研发，提升人机交互能力和智能装备的成套化水平，服务远程设备操控、智能巡检、智能运维、故障诊断、应急救援等能源基础设施数字化、智能化典型业务场景。

与此同时，国外的机器人研究也取得了巨大的突破。美国和欧洲的机器人技术处于世界领先地位，如波士顿动力、特斯拉等企业都积极探索各行业智能机器人应用并取得了一定突破。在电力行业的机器人应用方面，美国和欧洲也进行了广泛的探索，其研发的机器人在人工智能、协作能力、检测技术以及外形设计等方面仍保持优势。

未来，随着深度学习和神经网络等人工智能技术的突破，机器人将能够更好地理解和适应电力工业具体环境，具备更高的智能水平，机器人间的合作与交流能力也将得到加强，更加注重协作，甚至机器人将能够与人类，以及机器人之间进行有效的沟通与合作，使机器人不仅可以执行电力系统运行、检修过程中的实际操作，还将在涉及电力客户生产活动等互动中发挥更大的作用。

《电力行业智能机器人技术》是一本关于电力行业中智能机器人技术应用的书，它的出现是为了满足电力行业对自动化、智能化技术的不断增长的需求。智能机器人技术的应用已经成为一种趋势，它不仅可以提高电力系统生产效率，发挥“科技兴安”的巨大作用，还可以降低人力成本，提高电力企业的竞争力。书中详细介绍了智能机器人的行业现状和关键技术，从电力行业需求出发，重点剖析了地面、高空、水（地）下作业三类机器人的特点、技术路线和发展趋势。这些智能机器人技术的应用为电力行业的发展提供了强有力的支持，同时也为其他行业提供了可借鉴的经验。

这本书的作者都是电力行业有着丰富经验的专家，他们深入了解了电力行业的生产过程和需求，对智能机器人在电力行业中的应用进行了深入的研究和分析。通过这本书，读者可以了解到电力行业中智能机器人的应用现状和前景，同时也可以了解到当前存在的问题和挑战。这本书也提供了很多实用的参考信息，为电力行业的从业者使用机器人技术提供了指导和帮助。我相信这本书会给很多读者带来帮助和启示，让他们更好地了解和应用电力行业智能机器人技术。

我们也应该看到，电力行业智能机器人技术远未发展到成熟阶段，有大量富有挑战性的问题仍未得到解决。千里之行，始于足下。在国家一系列政策的加持下，相信将带动越来越多的企业、高校和研究院等机构，投入到智能机器人这个拥有光明前途的赛道；逐光而行，行将致远。在电力行业智能机器人这个方向取得了一些阶段成果后，愿此书为引，呼唤更多有识之士以持之以恒的付出和努力，加速当前的新型能源系统数字化转型，为双碳目标的实现贡献智慧和力量。

卢洪昌

2023 年 10 月于北京

序 2

机器人是一种具备高度灵活性的自动化机器，具有与人或生物相似的感知能力、规划能力、动作能力和协同能力。作为多学科交叉、多技术融合的产物，机器人可执行预设程序或应用人工智能技术，依据指令或以自行判断的方式完成目标任务。在重复性劳动以及危险场景中，为减少人工劳作、提高效率、降低伤亡风险、保障安全，机器人凭借灵活高效、可靠稳定的优势，在农业、工业、服务业等领域发挥着巨大的作用。

根据《中国机器人产业发展报告（2022年）》显示，2022年中国机器人市场规模将达到174亿美元，五年年均增长率达22%，我国机器人市场规模与增速稳居全球前列，并将在未来进一步扩大。近些年来，各国政府、企业、学术界也掀起了一股“机器人+”的应用与研究热潮，欧盟提出Robotics4EU战略计划旨在医疗保健、基础设施检查维护、农业食品和快速生产等领域深度融合机器人技术，美国提出国家机器人计划（NRI）寻求对集成机器人系统的研究并提供1400万美元进行资金支持，而在过去的2022年里，从北京冬奥赛场上呈现的科技冰雪盛宴，到与人们生活息息相关的家居保洁、物流配送等场景，都有机器人元素参与其中。

在此背景下，我国坚持以科技创新推动产业高质量发展，“十四五”规划纲要提出“深入实施智能制造，推动机器人等产业创新发展；培育壮大人工智能、大数据等新兴数字产业，在智能交通、智慧物流、智慧能源等重点领域开展试点示范”。为此，工信部、国家发展改革委等15个部门联合印发了《“十四五”机器人产业发展规划》，提出“到2025年，我国成为全球机器人技术创新策源地、高端制造集聚地和集成应用新高地”，2023年工信部等17个部门又联合印发了《“机器人+”应用行动实施方案》，提出聚焦10大应用重点领域并突破100种以上机器人创新应用技术及解决方案，推广200个以上具有较高技术水平、创新应用模式和显著应用成效的机器人典型应用场景。由此可见，在当前信息革命与数字化产业大发展的进程中，加快推动机器人等人工智能领域技术产学研用一体化发展，将是我国实现各产业高质量转型发展，迈向制造强国、创新大国的关键举措。

当前能源电力领域中，凭借智能机器人在缺陷检测、运行维护、应急处理等方面的优势，越来越多电力企业通过规模化应用和快速部署智能机器人，发挥了其在设备可靠性维护、运行管理优化等方面的突出作用。机器人为电力企业的经济运行提质增效，同时也满足了智能电网、智慧电厂等领域建设对于数字化、信息化、智慧化的需求。

本书具有全面性、科学性、生动性的特点，从国内外产业规模、技术现状、研究趋势等方面分析了智能机器人的技术路线以及发展现状，并结合不同作业空间的机器人特点以及任务形式，紧扣目前国内电力行业对于智能机器人应用的需求特点，按照智能机器人在电力行业中的作业空间领域以及任务类别，进行详细梳理和细分，多达数十种不同种类电力机器人的介绍和应用案例，有助于读者对智能机器人在电力行业的应用建立更为清晰和全面的认识，为读者在某些特定不同应用场景下，科学分析和选取适用的智能机器人方案提供参考。

同时，本书作为少有的聚焦于电力能源领域机器人应用的专业书籍，在各类机器人案例介绍中，融入了国内著名机器人企业、研究机构对于电力行业智能化、数字化革命浪潮的理论思考与创新探讨，将“机器人＋”与智能电网、智慧电厂等应用场景相融合，展现了有别于其他领域特种机器人的功能特色及复杂场景（粉尘、辐射、高温、强风、强电、空间密闭、环境多变等）的解决方案。可以说这本书的出版对于我国机器人行业引领全球电力智能机器人产业发展与技术应用，起到巨大的推动作用。

希望本书的出版能推动智能机器人技术与电力行业的融合，推进未来电力行业智能化转型，促使更多行业人员共同参与到能源电力工业领域的人工智能革命浪潮中。

刘吉臻

2023年10月于北京

前言

随着我国经济日益发展和人民物质水平极大提高，劳动力成本总体呈现上升趋势。对于能源电力企业而言，人力成本的提高可能和运营成本的上涨、环保支出的增加、电价水平的空间等因素一样，成为影响企业盈利水平持续提升的重要原因。与此同时，随着国家对能源电力行业安全运行水平的重视与风险防范要求的提升，在保证企业运营成本稳定、保障电力供给安全的前提下，减少恶劣作业环境中安全隐患，防止人身伤亡事故发生，是我国电力行业所面临的一项新的技术挑战和发展机遇。

为迎接这些挑战和机遇，电力行业将进行一场智能化技术革命，建立以人工智能为核心的智能技术生态圈，促进新一代能源技术的升级、能源智能装备的开发，并通过数字化、智能化领域的技术应用来解决电力全产业环节上生产、运营、管理、决策所面临的诸多难题。

在此背景下，智能机器人作为一种高度自动化的智能机器，可以辅助甚至替代人类完成危险、繁重、复杂的工作，在人类生产、生活的各个领域中得到逐步应用。电力行业智能机器人作为一种针对特定场景开发、适配电力技术工作和作业任务的智能体，可以克服传统运维模式下安全风险高、劳动强度大、执行效率低等问题。同时，智能机器人应用于多方面、多场景下的电力设备可靠性维护，也为电力行业实现少人智能化、成本精细化、安全规范化提供了解决思路。

本书从帮助广大电力行业人员深入了解智能机器人的分类方法、结构组成、技术特点以及应用场景的角度出发，按照机器人作业空间场景划分，建立巡查类机器人、检测类机器人和维护类机器人的任务需求体系，旨在更好地总结当下智能机器人在电力行业中的技术路线，推动智能机器人的广泛应用，并为电力行业智能机器人产业化发展提供参考和借鉴。

本书共 7 章。第 1 章智能机器人产业现状分析，主要包括全球智能机器人产业现状、主要企业、高校及研究机构的现状介绍，中国智能机器人产业发展规模、主要企业、高校及研究机构的现状介绍，并对比了国内外智能机器人产业现状、市场份额、技术研究现状等；第 2 章智能机器人的关键技术，主要包括智能机器人机械系统、驱动系统、传感元件、控制系统等，同时介绍了智能机器人的主流开发平台以及常用编程语言等；第 3 章电力行业对智能机器人的需求，主要介绍了电力行业中适用于智能机器人的地面、高空、地（水）下任务需求，包括设备巡检、设备检测、设备维护、流程监控、安全应急 5 个方面的应用场景；第 4～6 章面向电力行业地面、高空、地（水）下作业的智能机器人，主要包括针对地面、高空、地（水）下智能机器人特点和关键技术的介绍，并介绍了巡查类、检测类、维护类三种机器人的结构组成、功能特色、应用案例以及未来技术发展趋势；第 7 章电力行业智能机器人技术成熟度评价及案例分析，主要包括智能机器人市场重要性、技术成熟度、商业化落地的应用评价方法，以及从集中攻关、示范试验、应用推广等方面对电力行业智能机器人的应用提出发展建议；附录部分根据时间维度对世界机器人和中国机器人发展历程的里程碑节点和事件做了简述。

本书由华志刚、郭荣负责书稿的整体思路与研究内容方向，由汪勇、林润达负责统稿。第 1 章由汪勇、张强、陈家颖、张越、蔡钧宇撰写，第 2 章由张强、叶晶、林润达撰写，第 3 章由林润达、范佳卿、王凯杰撰写，第 4 章由张越、闵济海、陈家颖、刘一舟撰写，第 5 章由武霖、范佳卿撰写，第 6 章由陈家颖、方草、赵琛撰写，第 7 章由范佳卿、张强等撰写，附录部分由华兆博撰写。其他编者提供书稿撰写所需的资料、数据、图片及咨询信息。

由于电力行业生产经营需求以及智能机器人技术一直处于不断发展过程中，鉴于作者水平有限，难以全面、完整地对当前的研究前沿和热点问题一一进行探讨。书中存在不妥之处，敬请读者给予批评指正。

主编　华志刚

2023 年 10 月于北京

目录

第 1 章 智能机器人产业现状分析

1.1 全球机器人产业市场现状与发展规模

1.1.1 全球机器人产业市场现状

随着互联网、大数据、云计算、人工智能等新一代信息技术的发展与普及，机器人智能化水平不断提升，应用场景逐步明晰，全球机器人市场规模持续扩大。

国际机器人联合会（IFR）统计数据显示，2021 年全球工业机器人市场规模为 175 亿美元，同比增长 26%，增速达到 2017—2021 年的最高水平。预计到 2024 年，全球工业机器人市场规模将扩大至 230 亿美元，图 1-1 所示为 2017—2024 年全球工业机器人销售额、增长率统计及预测。

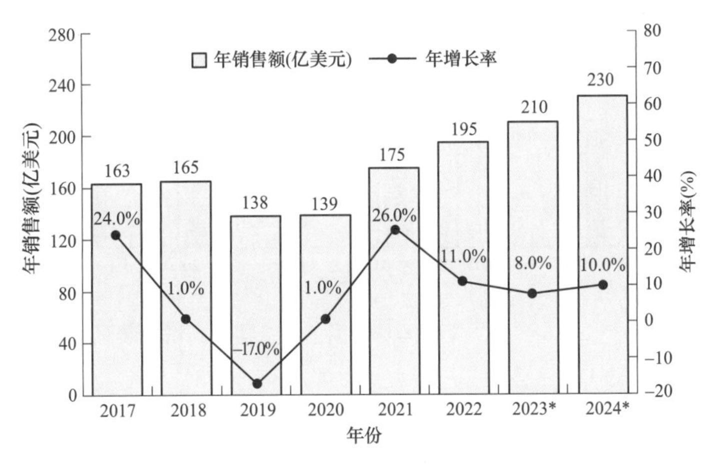

图 1-1　2017—2024 年全球工业机器人销售额、增长率统计及预测（* 为预测值）

2021 年全球工业机器人新安装量累计约 51.7 万台，较上一年同比增长 31%。图 1-2 所示为 2021 年全球工业机器人新增安装量排名，中国 2021 年工业机器人新增安装量为 27.8 万台，排名第一，较上一年同比增长 51%；排名第二～五位依次是日本、美国、韩国和德国，新增安装量分别是 4.7 万台、3.5 万台、3.1 万台和 2.4 万台。图 1-3 所示为 2016—2021 年中国与外国工业机器人新增安装量对比，2021 年中国的工业机器人新增安装量已经超过全球其他国家和地区的总和。

全球服务机器人市场增长势头更盛。如图 1-4 所示，2017—2021 年全球服务机器人市场规模的平均增长率达 30%，到 2024 年将有望达到 290 亿美元。其中自主移动运输机器人、清洁消毒机器人、医学复健机器人、社交机器人以及厨师机器人等销售额增长显著。

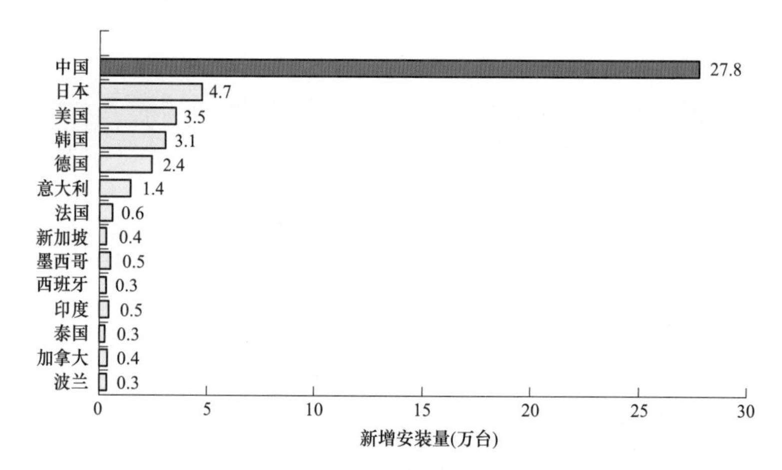

图 1-2　2021 年全球工业机器人新增安装量排名

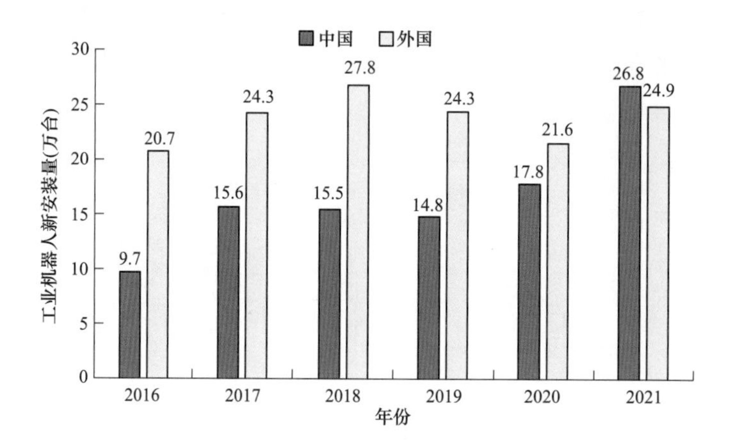

图 1-3　2016—2021 年中国与外国工业机器人新增安装量对比

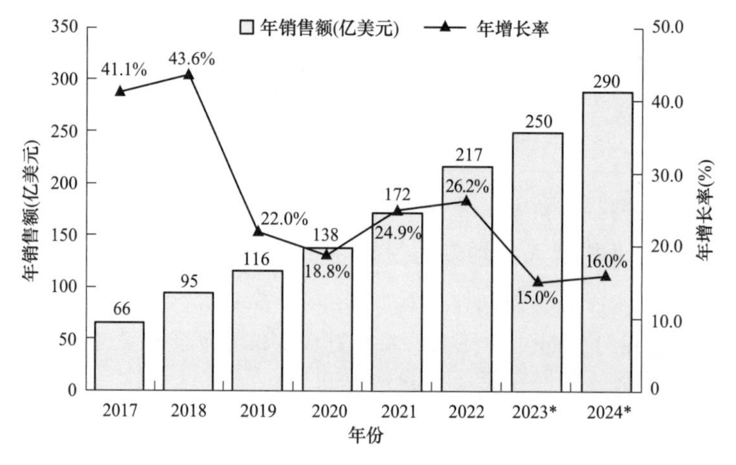

图 1-4　2017—2024 年全球服务机器人销售额、增长率的统计及预测（* 为预测值）

我国工业机器人发展日趋加速。我国制造企业数字化、智能化转型建设步伐日益加快，有力推动了工业机器人市场的快速发展。近五年我国工业机器人市场规模始终保持增长态势，其中 2021 年市场规模为 75 亿美元，较 2020 年提升了 15.6%，2022 年将达到 87 亿美元。预计到 2024 年，国内工业机器人市场规模将进一步扩大，有望突破 110 亿美元。图 1-5 所示为 2017—2024 年我国工业机器人销售额、年增长率的统计及预测。

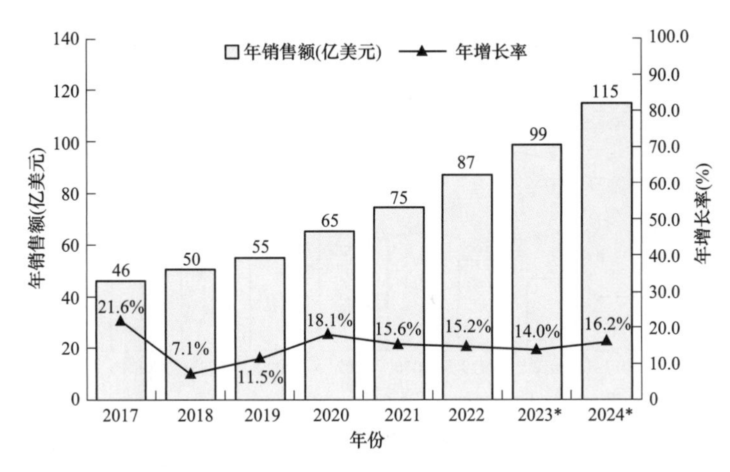

图 1-5　2017—2024 年我国工业机器人销售额、年增长率的统计及预测（＊为预测值）

我国服务机器人未来市场巨大。由于人口老龄化趋势加快，以及医疗、公共服务需求的持续旺盛，我国服务机器人产业市场规模及总体占比持续增长。2021 年我国服务机器人销售额为 49 亿美元，较 2020 年增长了 33.4%，2022 年市场规模将达到 65 亿美元，到 2024 年有望突破 100 亿美元。图 1-6 所示为 2017—2024 年我国服务机器人销售额、年增长率统计及预测。

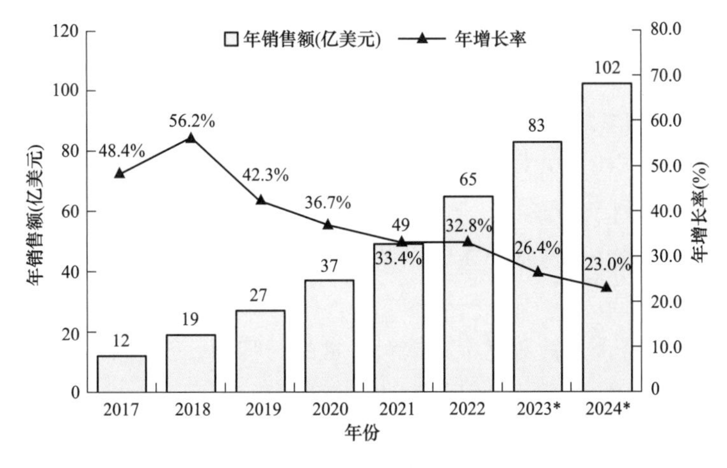

图 1-6　2017—2024 年我国服务机器人销售额、年增长率统计及预测（＊为预测值）

我国在特种机器人方面需求显著。由于我国地缘辽阔、地质环境复杂多样、自然灾害频发，对特种机器人需求明显。2021 年我国特种机器人的销售额为 18 亿美元，较上一年增长 33.1%；预计到 2024 年，特种机器人的国内市场规模将达 34 亿美元。图 1-7 所示为 2017—2024 年我国特种机器人销售额、年增长率统计及预测。

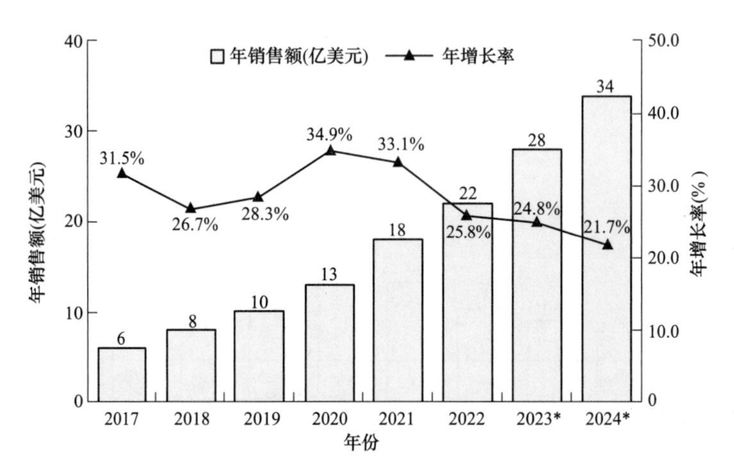

图 1-7　2017—2024 年我国特种机器人销售额、年增长率统计及预测（* 为预测值）

1.1.2　全球机器人主要企业

根据各公司的公开数据，按照工业机器人的销售额进行排名，全球排名前四位的工业机器人企业是日本的发那科（FANUC）公司、瑞典的 ABB 公司、日本的安川电机（Yaskawa Electric）公司、德国的库卡（KUKA）公司，这 4 家企业生产的工业机器人长期占有全球市场 50%以上的份额。

1.1.2.1　发那科公司

发那科公司是以数控系统和机器人科研、设计、制造、销售为主营业务的企业。

近年来该公司重点聚焦于将工业机器人应用于智能制造领域，其主要产品包括 R-30i B Plus 机器人控制器、M-410i C/110 机器人、R-2000i C/210WE 清洗型机器人和 P-350i A/45 喷涂机器人等系列产品。

R-30i B Plus 是一款配备高速 CPU 以及高性能优化技术的机器人控制器，实现了机器人控制的高速处理。

M-410i C/110 机器人是针对化工、饮料、食品、啤酒、塑料的码垛和搬运等生产场景的四轴机器人，负载为 110kg，臂展为 2403mm。

R-2000i C/210WE 是一款负载为 210kg、臂展为 2450mm 的清洁机器人，采用了增强油密封等设计，具备较强的防水、防尘、防锈能力。

P-350i A/45 是一款负载为 45kg、臂展为 2606mm 的喷涂机器人，具有高重复定位精度、快速响应和工艺调试简单的特点，可应用于危险作业环境下的喷涂、搬运、打磨、喷淋等场景。

1.1.2.2　ABB 公司

瑞典 ABB 公司机器人被广泛应用于汽车、金属加工、电气电子、食品饮料、塑料橡胶、玻璃、水泥、电商物流、教育、医疗健康和消费品等诸多领域。

其中 ABB 公司面向工业机器人生产需求场景推出的 Omni Core E10 控制器主要应用于电子和通用工业领域，是一款适用于受限空间的超薄控制器，具备高精度的运动控制和超高频的扫描能力，以及较低的功耗，能够与 ABILITY 工业互联网平台连接，有 1000 多种扩展的软硬件功能，支持 OPC UA 和 MQTT 标准传输协议。Omni Core V250XT 控制器产品可以应用于 300kg 的高负载机器人，主要面向汽车生产与制造、物流等场景。在自主移动机器人（Automatic Moving Robot）领域，ABB 推出了 Go Fa 和 SWIFTI。CRB 1100 SWIFTI 机器人负载为 4kg，最大工作范围可达 580mm，操作简单安全，可支持制造业、物流等各领域的应用场景。Go Fa 是一款协作机器人，负载为 5kg，最大工作范围为 950mm，采用集成式关节设计，六个关节均配备扭矩和位置传感器，具备较强的功率和限力性能，确保人机协作的安全性，通过了 PLd Cat 3 安全认证。

1.1.2.3　安川电机公司

日本安川电机公司作为一家机器人运动控制领域的专业研发与生产厂商，1958 年研发了全球第一台 minertia 电机，其产品的特色主要在运动控制领域，目前有大功率电动机、伺服电动机及变频器系列产品，具有稳定、快速的特点。其运动控制产品涉及了工业运动控制系统的控制层、驱动层、执行层，伺服驱动与控制产品主要包括∑-7 系列伺服驱动和多款控制器，具备了高精度机器人轨迹控制、残留振动抑制、自学习、误差/变形/缝隙等能力，实现了自补偿、低热胀材料的机械手技术和外力影响自补偿机械校准技术，从而保证机器人具有较高的绝对位置精度稳定性。安川电机公司有相对完整的产品系列，应用于电子、机械加工、包装、纺织等行业。

安川电机公司的 Moto mini 便携式可移动小型轻量机器人自重为 7kg，相对易于移动和安装，具有较高的动作速度和加速度，可以用于高速搬运和组装大量的小型零部件。配备的 YRC1000 MICRO 机器人控制柜设计紧凑，具有良好的便携性，可以实现适用于特定受限空间的高效率生产。

1.1.2.4　库卡公司

德国库卡（KUKA）机器人有限公司是世界领先的工业机器人制造商之一。自 2015 年至 2022 年，中国家电巨头美的集团历时 7 年完成了对库卡的全面收购。其机器人产品被广泛应用于各类型汽车的生产过程，也应用于包括物流运输、视频、建筑、玻璃制造、铸造和锻造、木材行业、金属加工、石材行业等诸多行业中。

库卡公司的产品主要分为通用机器人系统、加工机器、生产设备、移动系统和专用工艺解决方案等，其中通用机器人是指即适用于不同行业、不同负载、不同用途、不同应用范围场景的通用型工业机器人，分为单臂多轴机器人、双臂机器人。库卡机器人还单独发行相关的应用软件包、控制器控制系统及操作套件等，并开发了面向教育的单独版本。专用工艺解决方案重点关注的是钎焊和其他焊接工艺。

图 1-8 所示为库卡公司 2021 年推出的 Ready2_Easy_Grind 打磨机器人，它实现了 3D 视觉与恒力控制技术集成、基于 CAD 模型自动生成机器人曲面打磨，适用于汽车、电子、金属加工、塑料制品及医疗等行业。

图 1-8 Ready2_Easy_Grind 打磨机器人

1.1.2.5 波士顿动力公司

1992 年创立的波士顿动力公司（Boston Dynamics）主要服务对象是美国国防部，受到美国国防高等研究计划署（DARPA）资助开发四足机器人（BigDog），于 2013 年被谷歌的母公司 Alphabet 收购，2017 年被日本软银公司收购，2020 年又被韩国现代公司收购。

如图 1-9 所示，波士顿动力公司现有产品主要包括 Spot 系列机器狗、Atlas 人形机器人和 Handle 双轮机器人。

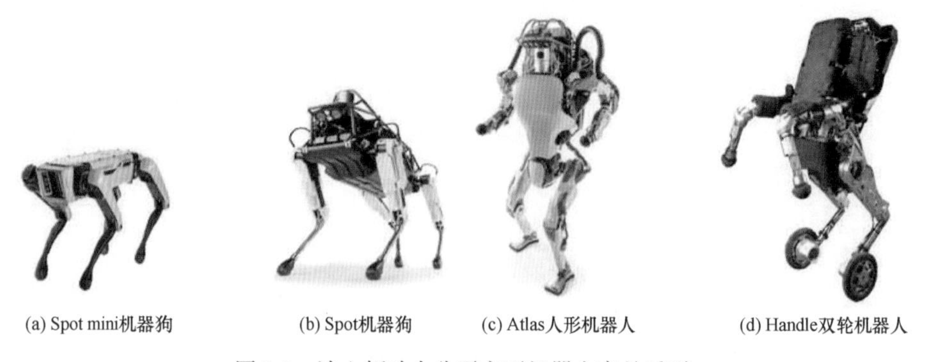

(a) Spot mini机器狗　(b) Spot机器狗　(c) Atlas人形机器人　(d) Handle双轮机器人

图 1-9 波士顿动力公司主要机器人产品系列

Atlas 人形机器人能在崎岖地面上行走，具备后空翻、奔跑、立定跳远以及连续交替跳跃的能力，如图 1-10 所示。

Spot 机器狗最初是为给士兵运输货物而设计的，可以负重 154kg，爬上 35°斜坡。其 Spot mini 机器狗则具备较强的集成性和功能丰富性，可以代替人巡检并完成部分现场操

图 1-10　Atlas 人形机器人行走

作，在楼梯、门廊等复杂空间区域实现无阻碍行走，如图 1-11 所示。

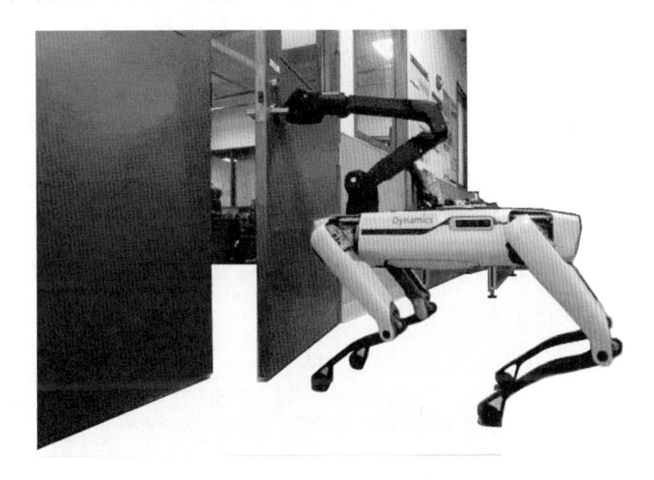

图 1-11　Spot mini 机器狗行走

Handle 双轮机器人是一款仓库搬运机器人，可以搬运 13.6kg 的重物，可完成快滑、转圈、跳跃等动作，如图 1-12 所示。

图 1-12　Handle 双轮机器人搬运

1.1.2.6 WTR

位于瑞士苏黎世的WTR（Waygate Technologies Robotics）成立于2006年，原名ALSTOM Inspection Robotics，2015年更名为GE Inspection Robotics，2020年被Waygate Technologies收购，WTR主要研发针对发电和工业加工装备的移动检测机器人，用于能源领域压力容器的外观、腐蚀及非接触式金属状态检测。目前该公司主推BIKE检测机器人、PTZ HD30检测多内窥镜（如图1-13所示）、ICS 2集成控制站和3D LOC受限空间定位技术。

图1-13 PTZ HD30

如图1-14所示，BIKE检测机器人采用磁轮吸附设计，在温度、空间、浸入介质和安全等因素不适合人工进行检测时替代人工作业，可以集成非接触式超声波测厚、先进全高清摄像模块、受限空间定位模块、内窥镜模块、机械臂和磁轮橡胶涂层，适用于受限空间、高空管道和腐蚀面测量等场景。

(a) BIKE检测机器人

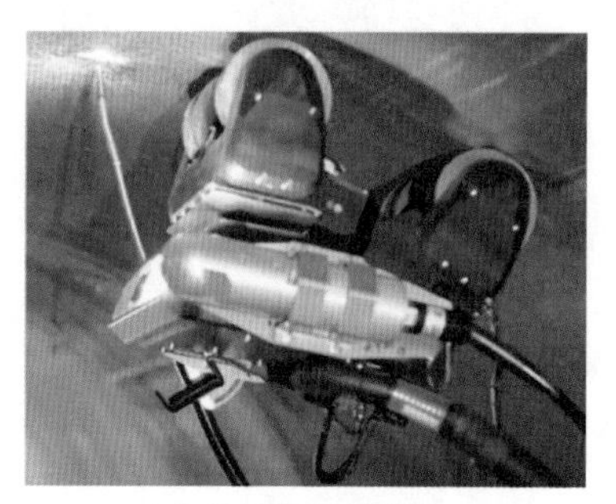

(b) BIKE内窥检测

图1-14 BIKE检测机器人及其开展内窥检测的状态

1.1.2.7 FLYABILITY

瑞士的FLYABILITY是一家受限空间检测无人机企业。图1-15所示的Elios3受限空间检测无人机是该企业的主打产品，可以用于在复杂受限空间内的视觉检测，该系列产品已经被应用于油气、电力、化工、开采、公共安全、排水管道等多类型工业和公共领域。

Elios3无人机具备带有红外模组的全向摄像头、碳纤维防护笼，配备激光雷达模组，并可以承担额外负载，通过其检测能够生成受限空间的三维点云，可用于生成报告和空

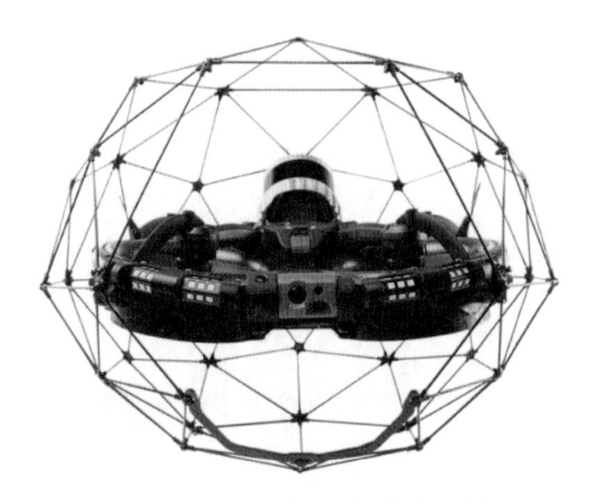

图 1-15　Elios3 受限空间检测无人机

间尺度测量。

1.1.3　全球机器人研发高校及机构发展现状

1. MIT

创立于 1861 年的美国麻省理工学院（MIT）开发了双足机器人小爱马仕 Little HERMES 可以实现多类型的敏捷性移动。如图 1-16 所示，小爱马仕机器人具有高扭矩驱动器 1、轻质肢体 2、足部三轴接触传感器 3、加固型惯性测量单元 4、高性能计算单元 5、锂聚合物电池 6 和刚性轻质框架 7 等重要部套。除此以外，MIT 还进行了其他类型的仿生机器人研究。

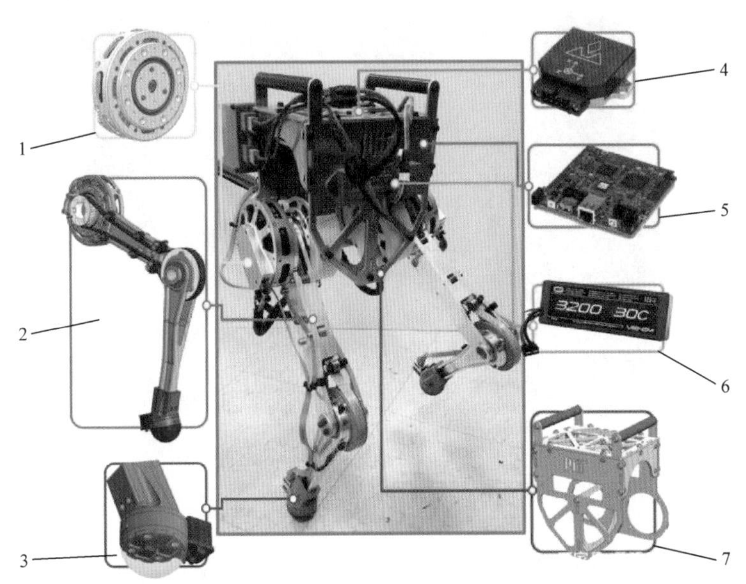

图 1-16　小爱马仕机器人的运动系统及主要部套

小爱马仕机器人采用 BFI（Balance-Feedback Interface，平衡反馈接口）实现学习和复制人类站立、行走等过程的平衡行为，以提高机器人的稳定性，BFI 模组包括运动状态高速感知 1、身体方位跟踪 2、脚步跟踪连杆系统 3、实时控制器 4 和测力板 5 等模块，如图 1-17 所示。

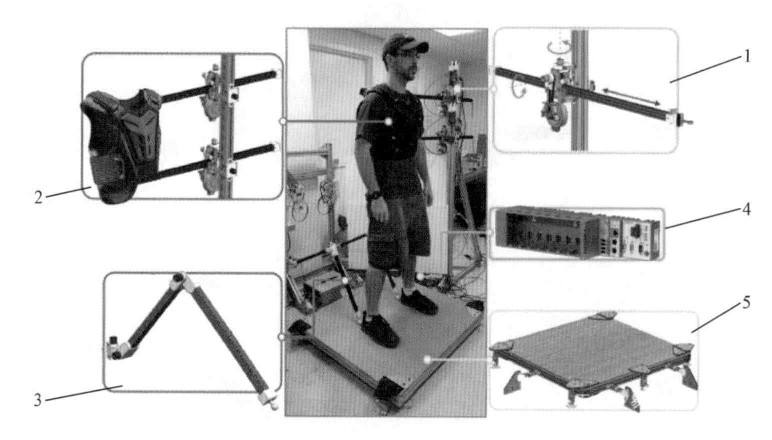

图 1-17　小爱马仕机器人的平衡反馈接口系统

2. 斯坦福大学

斯坦福大学 Oussama Khatib 教授团队研发了深海潜水机器人 Ocean One，如图 1-18 所示。该机器人身长 1.5m，拥有电池、中央处理模块、立体视觉模块、机械臂和八个推进器，具备水下打捞作业时的视觉、触觉反馈和实时计算处理等功能，可应用于珊瑚礁修复、海底勘测、文物打捞等场景，曾于 2016 年协助完成了“路易十四”沉船遗骸勘察等工作。

图 1-18　工作中的深海潜水机器人 Ocean One

3. 苏黎世联邦理工学院

成立于 1854 年的苏黎世联邦理工学院 ETH，与苏黎世应用科技大学联合开发了 Space Bok 四足机器人，拟用于在月球或小行星等低重力环境下行走的场景，如图 1-19 所示。

Space Bok 机器人采用了使用高功率密度的力矩电动机作为关节驱动单元，具有足部

图 1-19　Space Bok 四足机器人

一体化弹簧储能机构、碳纤维为主的轻量化结构、折叠的腿部结构、基于反作用轮的平衡设计等。Space Bok 能够在低重力环境下跳跃移动，在行星表面复杂环境中提高移动速度。

4. 早稻田大学

日本早稻田大学在 1964 年便开始了机器人相关领域的学科研究，其加藤实验室在 1973 年开发了世界首台双足人形机器人 WABOT-1（如图 1-20 所示）。该机器人具有视觉和肢体控制模组，具备测距、导航、移动和触觉功能，能抓住和运输物体，并具有简单的逻辑功能。

图 1-20　世界首台双足人形机器人 WABOT-1 号

该实验室下属的高西淳实验室 2006 年开发出了适应复杂地形的负重双足行走机器人 WL-16RⅢ（如图 1-21 所示），该机器人总重 76kg、高 1.28m，可以由操作员控制机器人的行走方向和速度。

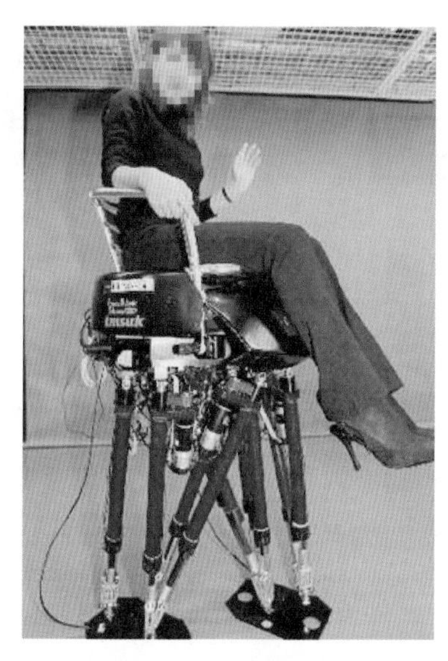

图 1-21　仿人形腿两足移动机器人驮负模特

1.2　中国智能机器人发展现状

1.2.1　中国智能机器人产业现状

我国已连续 8 年居全球工业机器人市场规模第一，在服务机器人和特种机器人领域也有显著的市场扩展趋势。在智能机器人领域，我国近年来涌现了大量的创新企业，部分已经形成了具有市场竞争力的规模化产品。图 1-22 分别展示了服务机器人和消防特种机器人。

(a) 服务机器人

(b) 消防特种机器人

图 1-22　我国自主研发的服务机器人和消防特种机器人

通过若干年的技术积累，我国机器人领域在技术方面也取得了较好的成绩，在控制器、伺服电动机及控制关键技术等方面也取得了阶段性的进展，逐步接近甚至在局部赶超了国际同行业水平。特别是受到近年来国际合作形势变化的影响，国内加大了关键核心部件技术攻关的力度，在关键“卡脖子”技术方面取得了一定的突破，实现了部分关键部件的国产化替代，设计能力、制造能力、技术水平持续提高。工业机器人的国产化进程不断提速，应用领域向更多细分行业快速拓展。

与国外机器人领域发展模式有所不同，近年来我国在政策扶持和资本投入方面，对中国本土品牌专精于技术研发支持的力度非常大，诞生了一大批智能机器人领域的创新企业。我国不仅攻克了深海机器人、无人机集群、水下搜救、排爆等特种类型的机器人，而且在民用日常生活、休闲娱乐、工业生产等方面也产生了如小米、大疆等一批有特点的高科技公司。

我国庞大的市场规模为工业机器人、服务机器人和特种机器人提供了充足的应用场景和研究样本。引进互联网时代的“小步快跑、快速迭代”的发展理念，基于中国制造业全产业链的规模优势，中国机器人的发展取得了长足的进步。

1.2.2　中国机器人主要企业

1.2.2.1　中科新松有限公司

中科新松有限公司研发的智能机器人涵盖了柔性协作机器人、双臂协作机器人、轻载复合机器人等，应用于工业、军用、民用方向，在电力行业的典型产品包括智能喷涂爬壁机器人和分布式光伏电站清洁机器人。

1. 智能喷涂爬壁机器人

中科新松的智能喷涂爬壁机器人集成了网络控制、自动导航、自动路径规划和作业区域智能识别等技术，可在高污染环境的垂直壁面及曲面上替代高强度的人工作业，提高了作业效率、涂料利用率、喷涂稳定性和均匀性，可以进行远距离操作，具备防坠功能和自诊断功能，可应用于船舶、能源、电力、石化等行业的大面积涂装作业（如图 1-23 所示）。

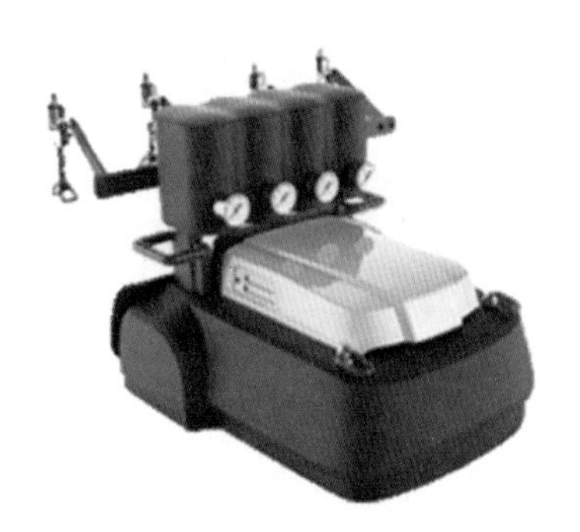

图 1-23　智能喷涂爬壁机器人

2. 分布式光伏电站清扫机器人

中科新松的分布式光伏电站清扫机器人可以应用于厂房和写字楼玻璃屋顶、地面光伏等领域的清洁（如图 1-24 所示），支持移动客户端 App 操作，更换一次电池可工作 2h，自重 35kg，配有防滑特种橡胶履带，具备一定越障能力。

1.2.2.2　哈尔滨工业大学机器人集团

哈尔滨工业大学机器人集团（HRG）由黑龙江省政府、哈尔滨市政府、哈尔滨工业

图 1-24　分布式光伏电站清扫机器人

大学于 2014 年 12 月联合创建，主要研发生产工业机器人和特种机器人。

1. 工业机器人

HRG 工业机器人覆盖的业务范围包括焊接、物流、冲压、喷涂、去毛刺、打磨、复合材料卷绕成型等工业生产过程，包括了工业机器人本体、减速机的研发、生产和工业机器人教育培训等环节。

如图 1-25 所示，HRG 六轴工业机器人负载 12kg，关节采用高精度减速机和伺服电动机，最大工作半径为 1618mm，应用于中小负载的搬运、装配、打磨、焊接、上下料行业和场合。

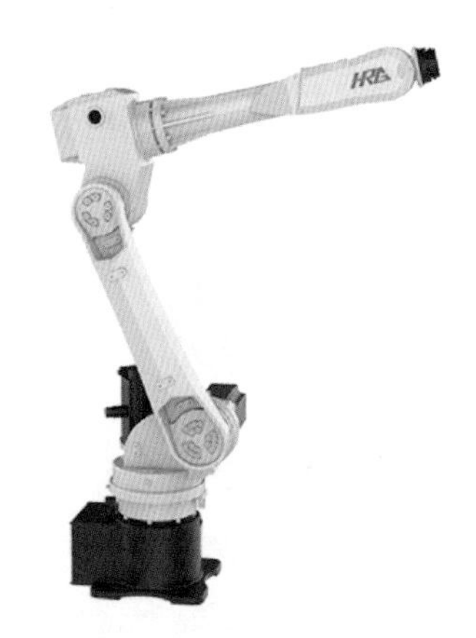

图 1-25　HRG 六轴工业机器人

如图 1-26 所示，HRG 的重载 AGV 系列产品用于货物的运输，能按规划的路线精确

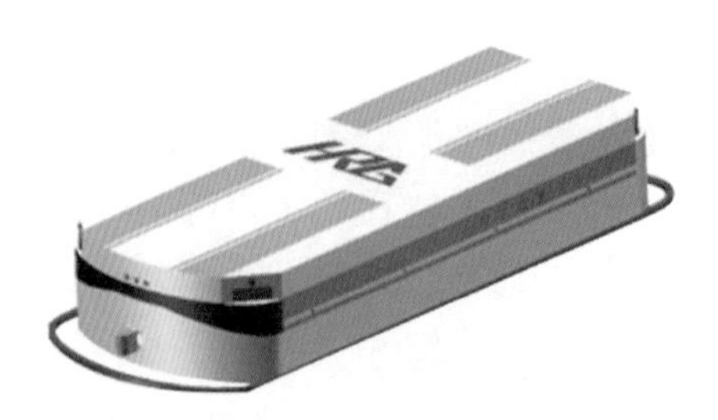

图 1-26　HRG 重载 AGV 机器人

停靠到指定的站点。机器人承重 8t，可实现前后、左右、斜向、原地旋转等移动动作，采用了多轮承载、独立悬挂设计，提升了车体抵抗载荷冲击的能力，可应对一定的道路起伏、突变等情况。

2. 特种机器人

HRG 的特种机器人涵盖了陆、海、空应用场景，包括水下机器人、排爆机器人、消防机器人、无人机及智能安防巡检机器人等。

（1）水下机器人。如图 1-27 所示，HRG 水下机器人采用一体化设计，配备多个大功率无刷推进器，运动稳定、灵活，最大潜深为 500m，采用先进算法处理浑水区图像先进算法，可加装特制机械手等装置，用于水下救援、施工作业。

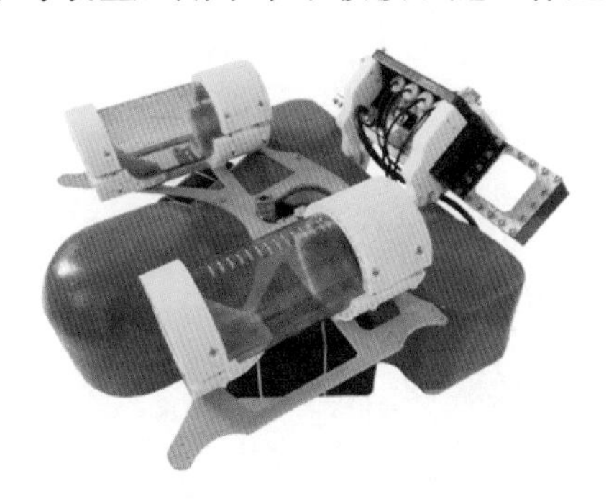

图 1-27　HRG 水下机器人

（2）管道检测机器人。如图 1-28 所示，HRG 管道检测机器人能够通过多传感器判断管道泄漏点，可以记录管道内的破裂、变形、腐蚀、异物侵入、沉积、结垢和树根障碍物等情况，采用外部交流供电，应用于管道的施工、维护、检验等环节。

图 1-28　管道检测机器人

（3）爬壁检测机器人。如图 1-29 所示，HRG 爬壁检测机器人用于高空壁面和狭窄空间的巡查、清除、维护等作业，可用于建筑检查清洗，船舶、桥梁检测维护，集装箱货物检查，消防紧急救援任务及特种侦查任务等具体场景。该机器人具有多路图像传输和可扩展的机械装置，可搭载图像、红外、气味、辐射等传感器，具备自主越障能力。

1.2.2.3　大疆创新科技有限公司

深圳市大疆创新科技有限公司（DJI）成立于 2006 年，是全球领先的无人飞行器控

图 1-29　HRG 爬壁检测机器人

制系统及无人机解决方案的研发和生产厂商，在电力领域的应用包括光伏巡检、风电巡检和电力线路巡检等场景。

1. 光伏应用

图 1-30、图 1-31 给出了经纬 M100 飞行器搭载禅思 XT 相机在屋顶光伏和大型光伏电站的巡检中，采集到的可见光和红外照片情况。通过这些照片能够发现光伏板的温度

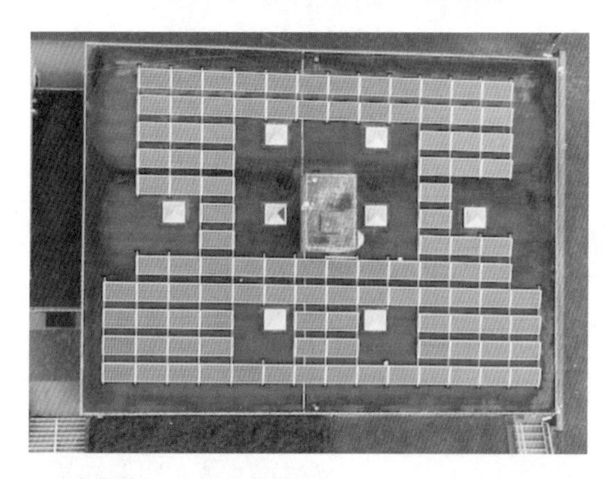

图 1-30　经纬 M100 飞行器搭载禅思 XT 相机采集的屋顶光伏板图像

图 1-31　经纬 M100 飞行器搭载禅思 XT 相机采集的屋顶光伏板红外图像

异常、定位故障光伏组件、指导现场运维、提升发电效率。该套检测组合装备更换一次电池续航 30min，可以实现大片区域的检测，显著提升了检测效率。

2. 风力发电站应用

图 1-32 所示为经纬 M100 搭载禅思 X5 相机开展风电机组叶片检测工作时的照片，该组合在空中接近风电机组，通过环境感知传感器与避障功能，来避免撞击事故的发生，实现 1600 万像素静态图片和 4K 动态视频的拍摄，用以辨识风力发电设备外部的形变、破损和故障，缩短了停机检修时间，降低了人员高空作业风险，提升了工作效率。

图 1-32　大疆无人机进行风电机组叶片检测

1.2.2.4　南京天创电子技术有限公司

南京天创电子技术有限公司（TetraBOT）创立于 2011 年，主要开展巡检机器人和光伏清扫机器人的设计、研发、制造。主要产品包括巡检机器人和光伏清洁机器人。

1. 轨道巡检机器人

如图 1-33 所示，TetraBOT 轨道巡检机器人采用了安装轻量化轨道设计，可以适应高压、强电磁、潮湿等复杂环境下的工作，可实现可见光和红外检测、环境气体检测、局部放电检测，具备基于计算机视觉的表计读数、缺陷诊断、热成像分析、故障预警等功能。

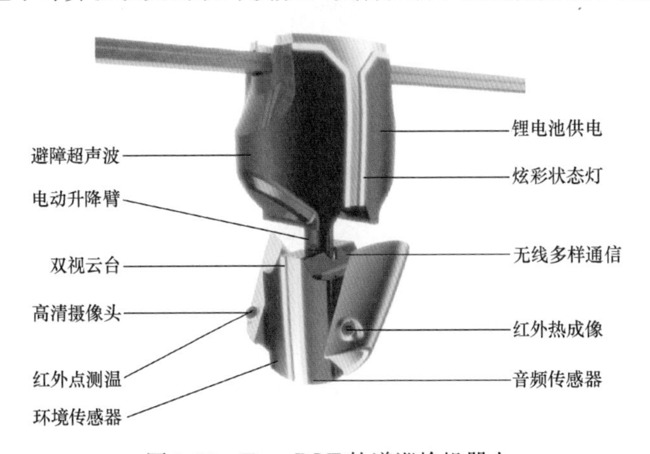

图 1-33　TetraBOT 轨道巡检机器人

2. 轮式巡检机器人

如图 1-34 所示，TetraBOT 轮式巡检机器人能够用于工厂、变电站等环境的巡检作业，具备激光雷达、红外和可见光摄像头、温湿度传感器、气体感应等多种智能传感器，有自主巡航和多机器人协同能力。

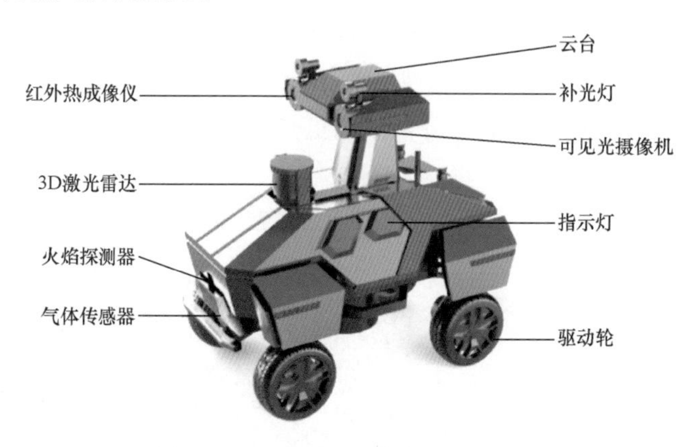

图 1-34　TetraBOT 轮式巡检机器人

3. 光伏清洁机器人

如图 1-35 所示，TetraBOT 光伏清扫机器人以组件边框为轨道，配有柔性尼龙毛刷，用于清扫组件面板积灰，从而提升光伏发电效率，机器人通过无线通信组网，实现电站业务系统及气象系统的联动。

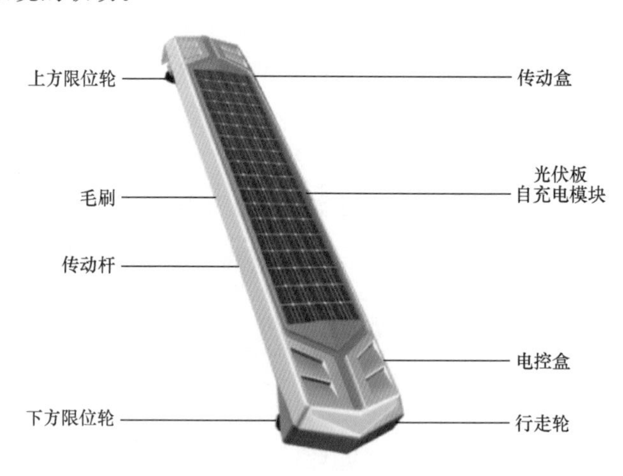

图 1-35　TetraBOT 光伏清洁机器人

1.2.2.5　亿嘉和科技股份有限公司

亿嘉和科技股份有限公司成立于 1999 年，主要从事电力、消防、市政、石油石化等行业特种机器人的研发和制造。该公司的产品分为操作机器人、巡检机器人和消防机器人。

图 1-36 所示为亿嘉和 Z100 蛟龙室外带电作业机器人的照片，该机器人可以用于 10kV 高压线的支线线路引线的不停电搭接任务，包括完成高压线的剥线、穿线、搭线、

紧固线夹等工作和复杂维护检修作业。

图 1-36　亿嘉和 Z100 蛟龙室外带电作业机器人

图 1-37 所示为亿嘉和 SI100 室内轮式作业机器人，图 1-38 所示为亿嘉和 A200 室内轨道式作业巡检机器人。亿嘉和的室内开关柜操作机器人主要用于执行开关柜的操作、巡检等作业，可以完成紧急分闸、保护装置操作、倒闸等作业，进行图像识别、红外测温、局部放电检测等巡检工作，部分采用了多自由度的伸缩手臂、轮式或轨道式设计。

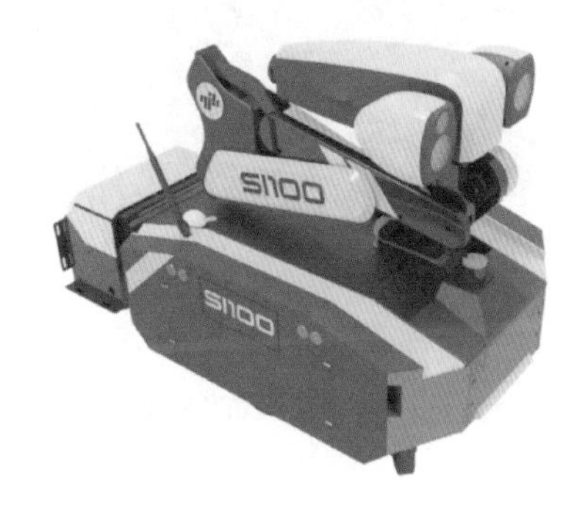

图 1-37　亿嘉和 SI100 室内轮式作业机器人

图 1-38　亿嘉和 A200 室内轨道式作业巡检机器人

1.2.2.6 北京史河科技有限公司

北京史河科技有限公司主要从事磁吸附机器人的关键技术研发、模组开发和产品制造。图 1-39 所示为史河科技开发的专门用于密闭空间和恶劣环境的模块化履带，采用了配有密封圈和充油齿轮的传动系统设计，防护等级达到 IP67，可以单独、串联或并联使用。

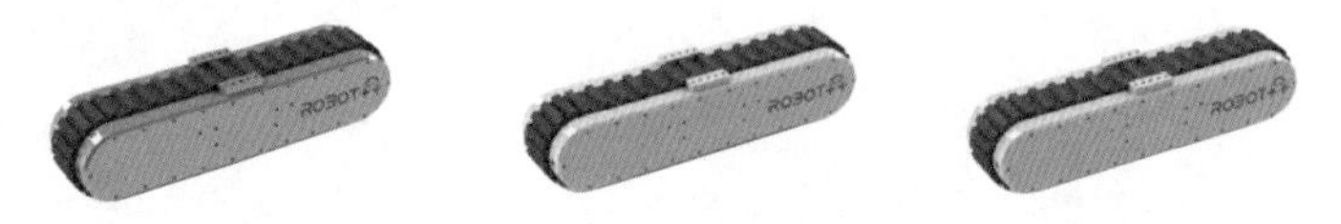

图 1-39 史河科技模块化履带

图 1-40 所示为史河科技开发的爬壁作业机器人，爬壁作业机器人可用于船舶制造维修、海关安检、工业巡检、工业装备配套等领域的爬壁清洗、除锈、喷涂、巡检、勘察、焊接等作业，其导航模块配备了激光雷达、全球定位系统（GPS）、惯性测量单元（IMU）、里程计、超声波等传感器，具备地图构建、路径规划、自主导航及避障等能力，调度系统可以对各机器人进行任务部署和路线规划，以提升作业速度。

图 1-40 史河科技开发的爬壁机器人

1.2.2.7 北京中安吉泰科技有限公司

北京中安吉泰科技有限公司主要从事电网、火电、核电、新能源等领域的智能机器人产品和服务。目前拥有的产品包括火电领域的锅炉水冷壁爬壁机器人、柔体爬壁机器人；核电领域的大型容器表面清洁机器人、清污机器人、水下监测和操作机器人及相关操作工具；电网领域的带电清洗机器人、变电站巡检机器人、电缆沟巡检机器人、拖箱式清洗车及相关操作工具；新能源领域的真空吸附机器人、风电塔筒叶片检测机器人、水电坝体无损检测机器人、太阳能光伏板清洗机器人和清洗车。

图 1-41 所示为中安吉泰锅炉水冷壁爬壁检测机器人，主要用于发电厂锅炉的水冷壁检测，可以通过人孔门将机器人吸附在锅炉内壁上，能够在锅炉水冷壁的垂直和水平方向上移动，可以搭载不同模块，实现视觉检测、无损测厚、清灰、打磨、冲洗、标记等功能，还可选配激光雷达。

图 1-41　中安吉泰锅炉水冷壁爬壁检测机器人

1.2.3　中国高校机器人发展现状

1.2.3.1　哈尔滨工业大学

哈尔滨工业大学机器人研究所成立于 1986 年，是我国最早开展机器人技术研究的单位之一，后升级为机器人技术与系统国家重点实验室，研发了我国第一台点焊机器人、弧焊机器人、爬壁机器人、空间机器人、月球车等。

由图 1-42 可知，哈尔滨工业大学近年来主要从事并联机器人、遥操作、移动机器人、爬壁机器人、路径规划、空间机器人、六足机器人、机械臂等领域的研究。

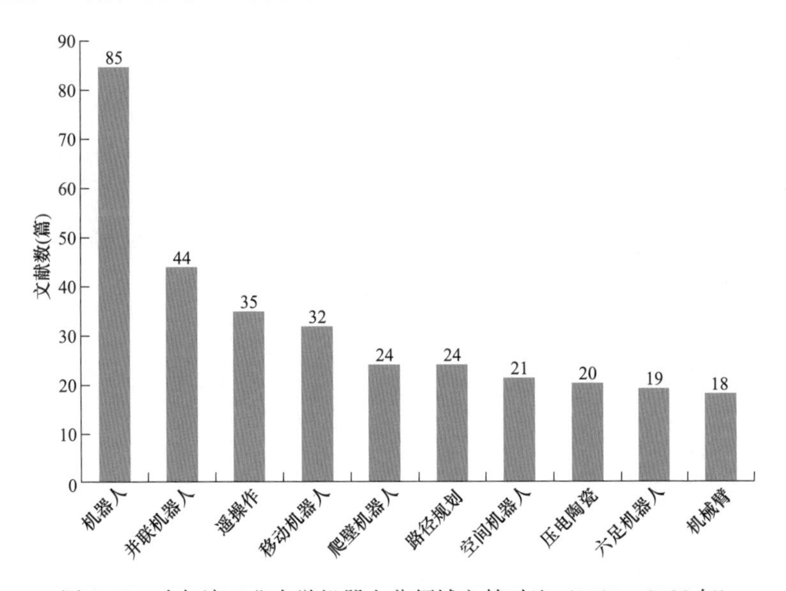

图 1-42　哈尔滨工业大学机器人分领域文献对比（1980—2022 年）

由图 1-43 所示哈尔滨工业大学电力领域机器人文献技术年度交叉分析可以看出，近年来，哈尔滨工业大学在电力领域机器人的创新方向主要围绕架空线路机器人、巡检机器人等方面的自动检定、运动控制、双目立体视觉等关键技术研究，研究成果面向的电力机器人细分领域也从高压线巡检扩展到架空线路、核电站等多类行业场景，智能机器人的基础理论和技术也在应用转化过程中不断丰富和完善。

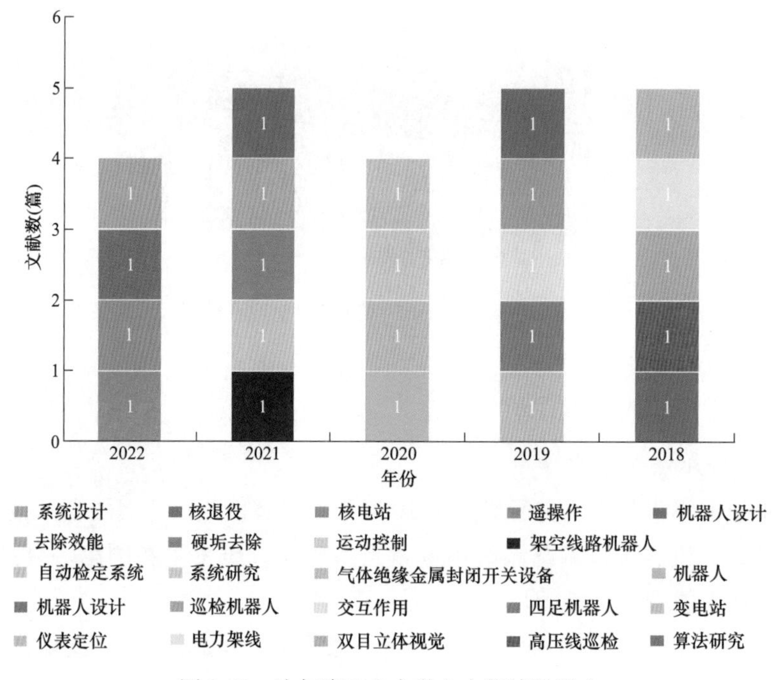

图 1-43　哈尔滨工业大学电力领域机器人文献技术年度交叉分析（2018—2022 年）

1.2.3.2　上海交通大学

上海交通大学 1979 年建立机器人研究室，1985 年发展成立机器人研究所，是我国最早最大的从事机器人研究开发的专业机构之一。

由图 1-44 可知，上海交通大学近年主要从事移动机器人、爬壁机器人、自重构、机械臂、机器人 PLC/DSP、机器人动力学、排爆机器人等领域研究。

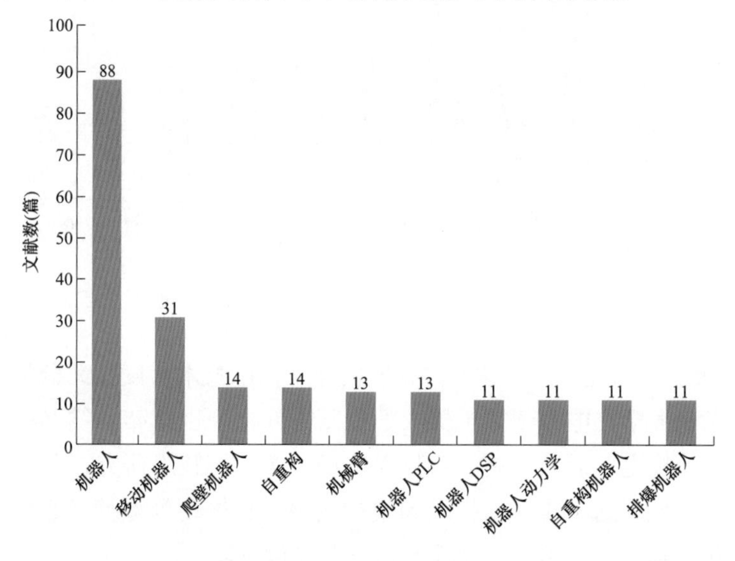

图 1-44　上海交通大学机器人分领域文献对比（1980—2022 年）

由图 1-45 上海交通大学电力领域机器人文献技术年度交叉分析可以看出，近年来，上海交通大学在电力领域机器人的创新方向主要围绕巡检机器人、配电站值守作业机器人、带电作业机器人等方面的视觉定位、机器视觉、路径规划等关键技术研究。从研究成果面向的电力机器人细分领域来看，电力作业类机器人关键技术获得了持续投入和发展，应用于发电厂锅炉的爬壁机器人及其磁吸附技术也正在成为该机构研究和应用热点。

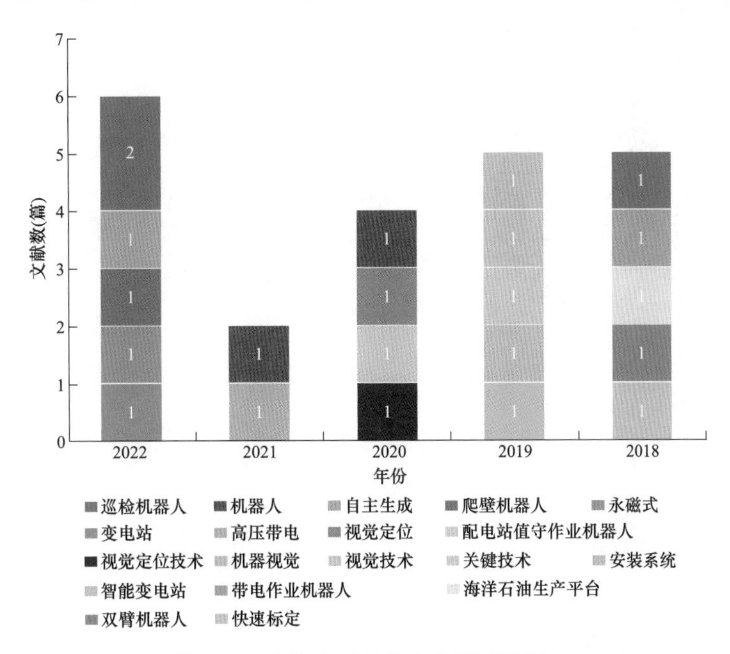

图 1-45　上海交通大学电力领域机器人
文献技术年度交叉分析（2018—2022 年）

1.2.3.3　西安交通大学

西安交通大学机器人与智能系统研究所研究重点包括机器人智能系统、生物机电融合与服务机器人、刚-柔-软复合机器人等方向。

由图 1-46 可知，西安交通大学近年主要从事工业机器人、移动机器人、机器人辅助、路径规划、并联机器人，以及包括康复机器人、腹腔镜在内的医疗机器人等领域研究。

由图 1-47 所示西安交通大学电力领域机器人文献技术年度交叉分析可以看出，近年来，西安交通大学在电力领域机器人的创新方向主要围绕攀爬机器人、检修机器人、清洗机器人、电力巡检机器人等方面的智能控制、系统设计与实现等关键技术研究。从研究成果面向的电力机器人细分领域来看，西安交通大学也相继发展布局了多种巡检类机器人，并正在挑战技术难度越来越高的检修类、作业类机器人，应用转化趋势明显。

1.2.3.4　清华大学

清华大学作为国内最早开展智能机器人研究的单位之一，1985 年成立了智能机器人实验室，1990 年建立智能技术与系统国家重点实验室。在智能机器人的感知交互、决策

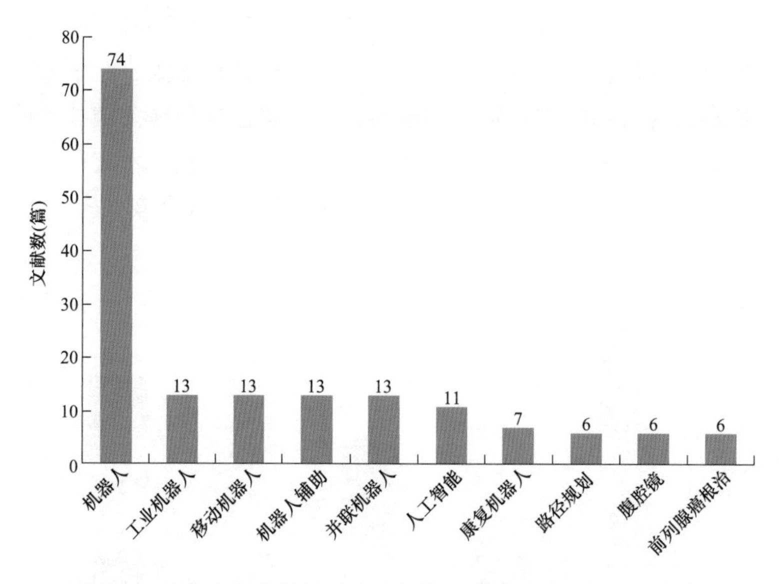

图 1-46　西安交通大学机器人分领域文献对比（1980—2022 年）

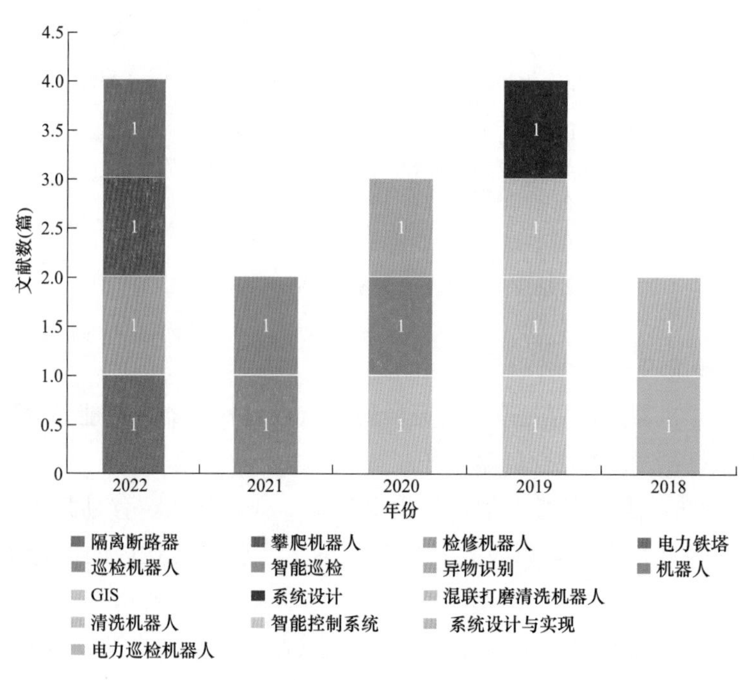

图 1-47　西安交通大学电力领域机器人
文献技术年度交叉分析（2018—2022 年）

操作方面成绩突出，在国内外影响较大。

由图 1-48 可知，清华大学近年主要从事移动机器人、仿人机器人、拟人机器人、双足机器人、爬壁机器人、并联机器人等领域研究。

由图 1-49 所示清华大学电力领域机器人文献技术年度交叉分析可以看出，近年来清

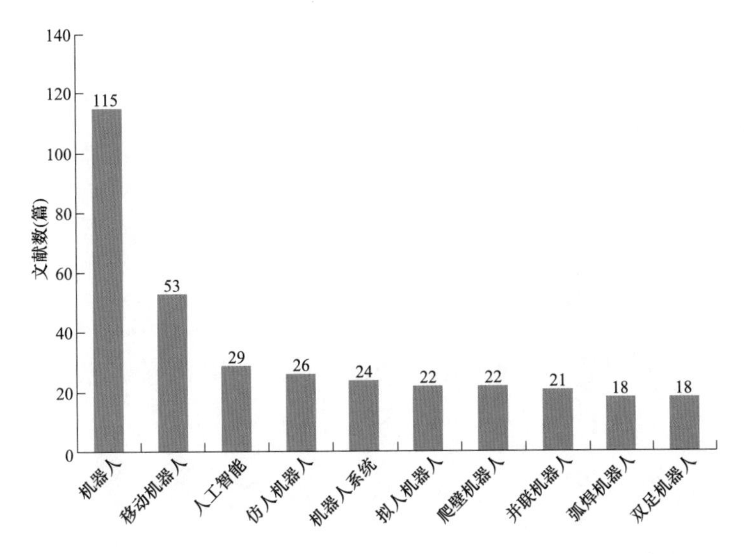

图 1-48　清华大学机器人分领域文献对比（1980—2022 年）

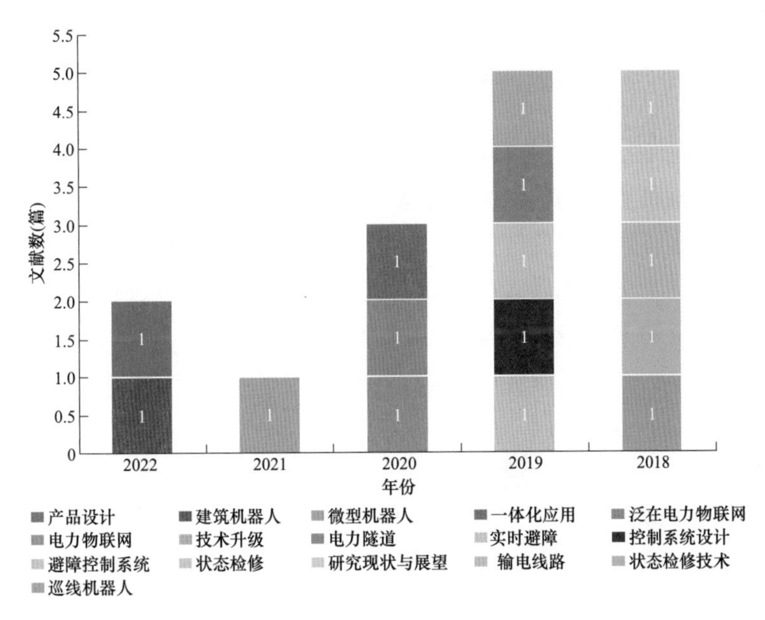

图 1-49　清华大学电力领域机器人

文献技术年度交叉分析（2018—2022 年）

华大学在电力领域机器人的创新方向重点围绕电力隧道机器人、巡线机器人等方面的产品设计、实时避障控制系统等关键技术研究。研究成果面向的细分领域也从输电线路扩展到电力隧道等更多的应用场景，融合状态检修等先进的技术，更加注重机器人的微型化、一体化发展和产品设计，机器人相关学科技术升级趋势明显。

1.2.3.5　浙江大学

浙江大学 2017 年成立了机器人研究院。由图 1-50 可知，浙江大学近年主要从事移动机器人、工业机器人、路径规划、挖掘机器人、双足机器人、机器人控制技术等领域研究。

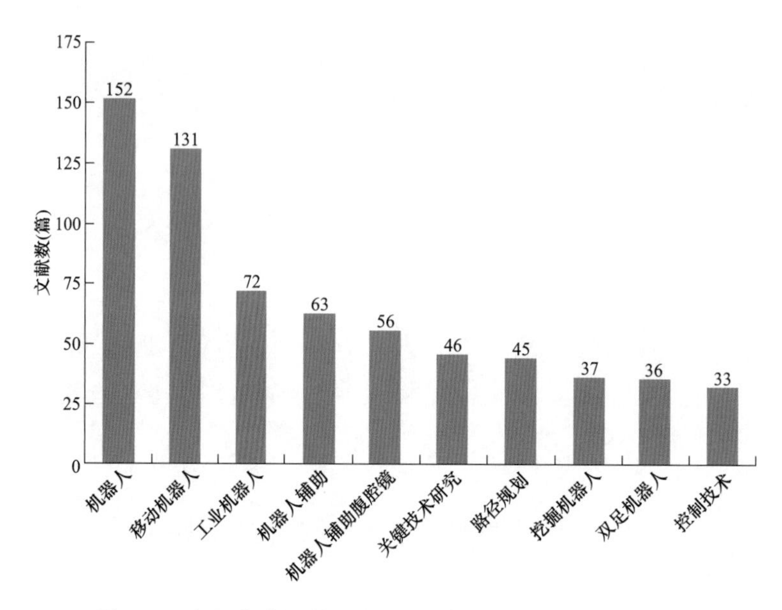

图 1-50　浙江大学机器人分领域文献对比（1980—2022 年）

由图 1-51 所示浙江大学电力领域机器人文献技术年度交叉分析可以看出，近年来，浙江大学在电力领域机器人的创新方向主要围绕电力营销、爬壁机器人、巡检机器人等方面的系统平台、多源异构视觉等关键技术研究。受新型电力系统下全国统一电力市场交易需求拉动，浙江大学在机器人的电力系统细分领域，逐渐从巡检、爬壁等实体机器人类型衍生了电力营销 RPA 虚拟交易机器人等新领域。

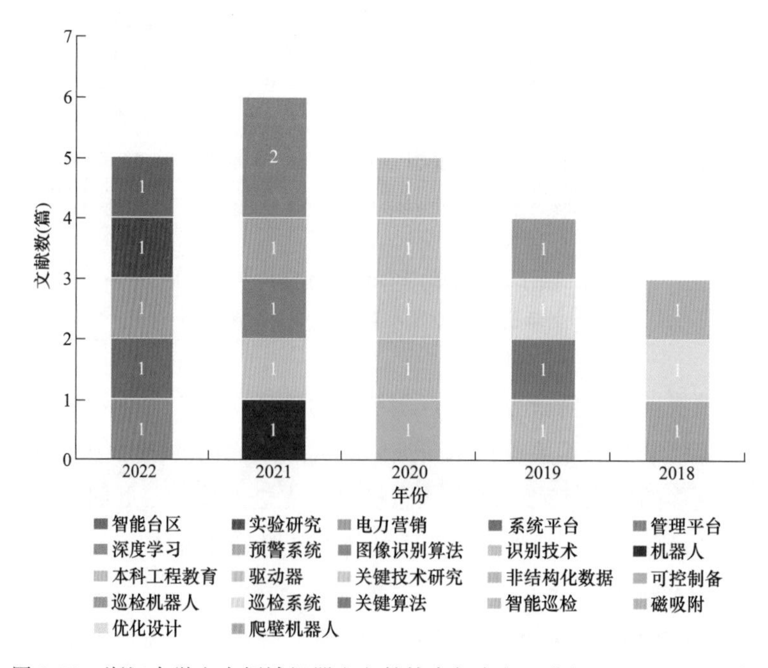

图 1-51　浙江大学电力领域机器人文献技术年度交叉分析（2018—2022 年）

1.2.3.6　东北大学

东北大学机器人科学与工程学院成立于 2015 年，是由东北大学、中国科学院沈阳自动化研究所和沈阳新松机器人自动化股份有限公司合作组建的国内 985 高校首个机器人科学与工程学院。

由图 1-52 可知，东北大学近年主要从事移动机器人、并联机器人、路径规划、控制研究、机械臂、上肢康复机器人、巡检机器人、轨迹规划等领域研究。

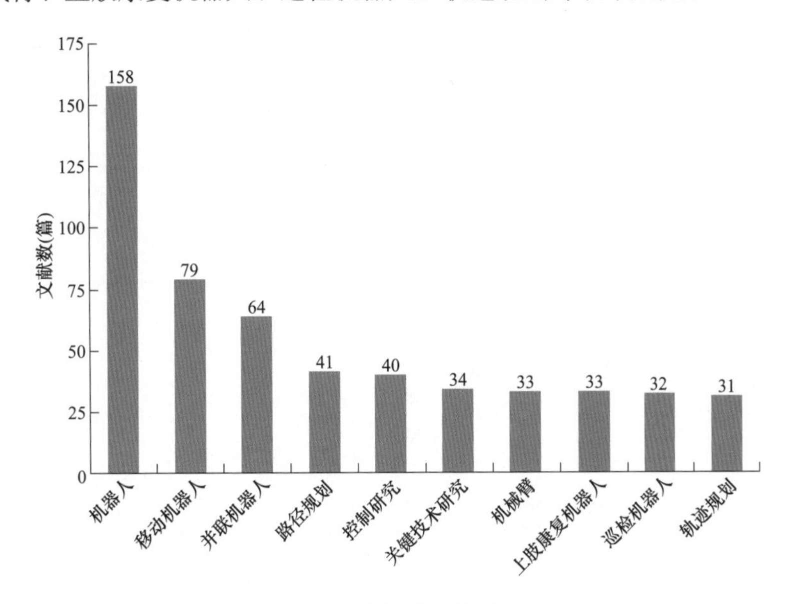

图 1-52　东北大学机器人分领域文献对比（1980—2022 年）

由图 1-53 所示东北大学电力领域机器人文献技术年度交叉分析可以看出，近年来，

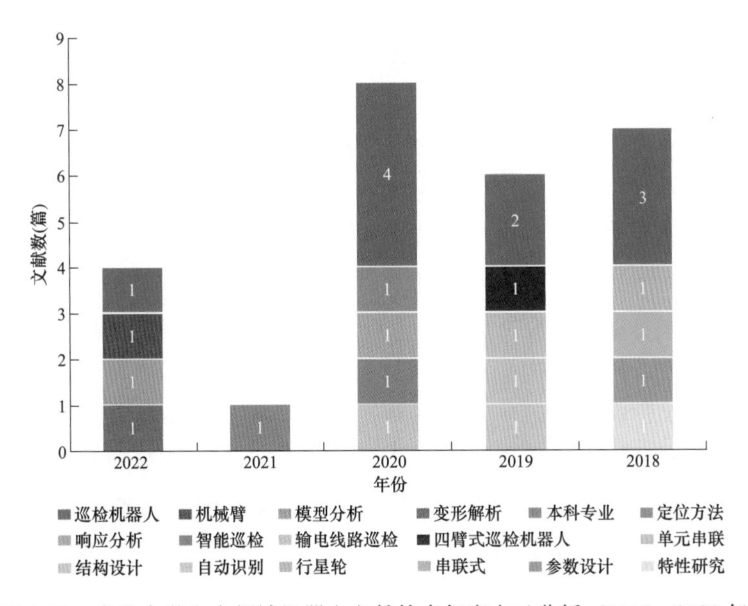

图 1-53　东北大学电力领域机器人文献技术年度交叉分析（2018—2022 年）

东北大学在电力领域机器人的创新方向重点围绕巡检机器人、四臂式巡检机器人等方面的结构设计、定位方法、自动识别等关键技术研究。东北大学除了在机器人结构设计、变形分析、模型分析、响应分析方面的优势外，也在研究电力领域的多个场景下的巡检机器人技术和应用。

1.2.3.7　华北电力大学

华北电力大学机器人工程专业以机器人技术与系统设计为目标，重点聚焦电力行业机器人。由图 1-54 可知，华北电力大学近年主要从事巡检机器人、路径规划、移动机器人、飞行机器人、工业机器人、核电站检修机器人等领域研究。

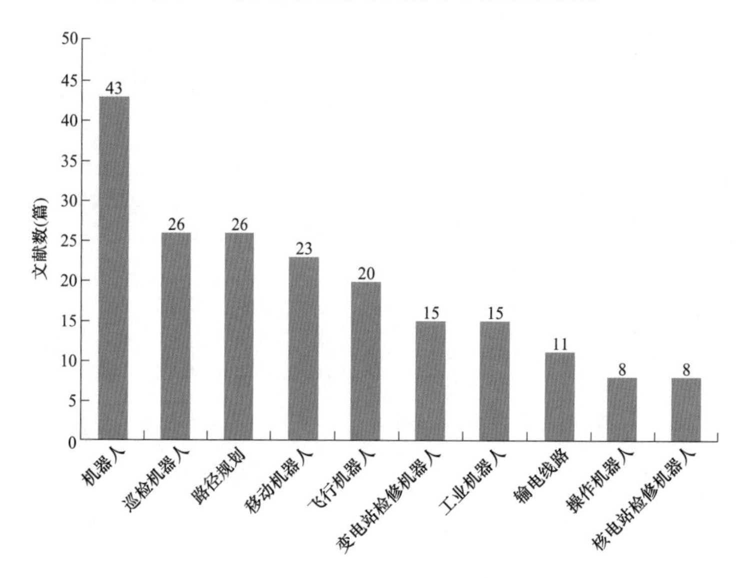

图 1-54　华北电力大学机器人分领域文献对比（1980—2022 年）

由图 1-55 所示华北电力大学电力领域机器人文献技术年度交叉分析可以看出，近年来，华北电力大学在电力领域机器人的创新方向重点围绕巡检机器人、爬壁机器人等方面的机器人设计、算法、空间结构等关键技术研究。华北电力大学机器人成果也逐步涵盖了电力系统变电站、隧道电缆、智慧电厂等更细分的研究领域，同时也比较着重在逻辑推理规则、多传感器信息融合等基础人工智能理论方面的研究和突破。

1.2.3.8　中国科学院沈阳自动化研究所

中国科学院沈阳自动化研究所成立于 1958 年，其机器人学研究室前身为中国科学院机器人学重点实验室，研究范围涵盖微纳与类生命机器人、机器视觉与图像处理、自主行为理论与方法、医疗康复机器人技术、环境适应机构学、类脑计算与神经机器人，以及智能化反恐防暴机器人、智能手术机器人系统、机器人在线学习与场景理解、微纳操作机器人机器生物医学应用、飞行机器人关键技术研究、仿生机器人关键技术。

由图 1-56 可知，中国科学院沈阳自动化研究所近年主要从事水下机器人、移动机器人、蛇形机器人、工业机器人、巡检机器人、路径规划、遥操作与机器人控制系统等领域研究。

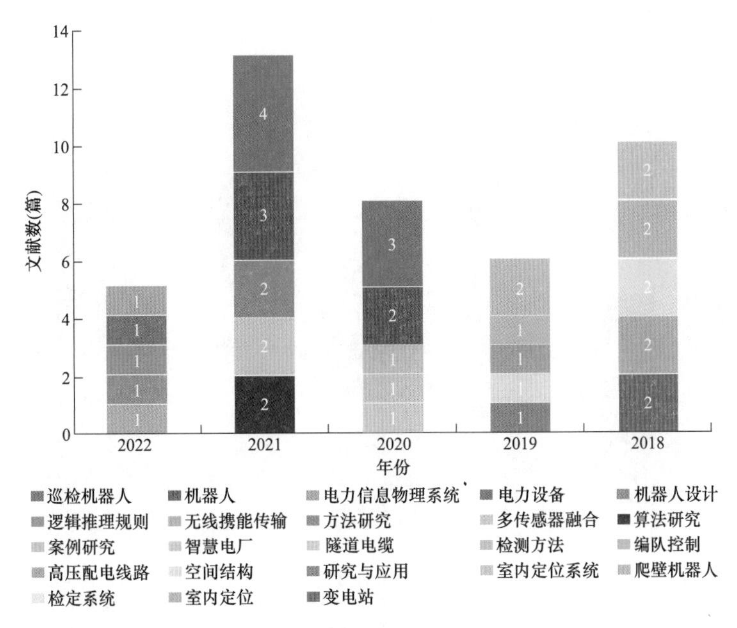

图 1-55　华北电力大学电力领域机器人

文献技术年度交叉分析（2018—2022 年）

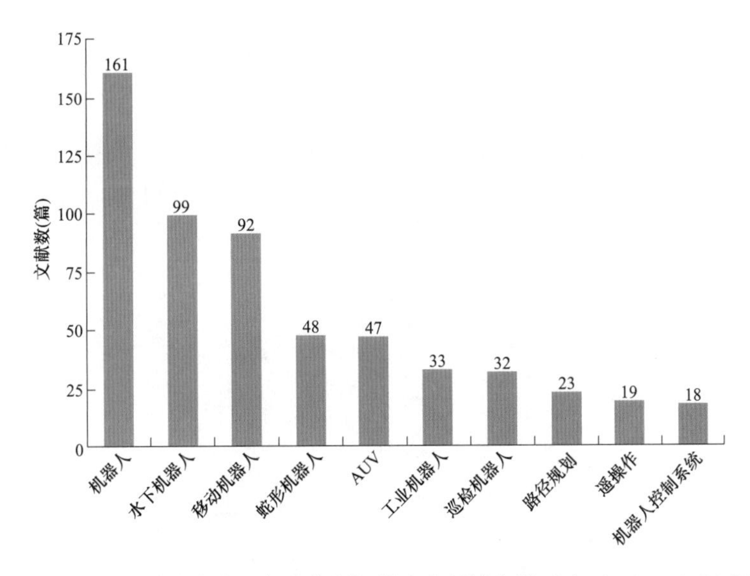

图 1-56　中国科学院沈阳自动化所机器人分领域文献对比（1980—2022 年）

由图 1-57 所示中国科学院沈阳自动化研究所电力领域机器人文献技术年度交叉分析可以看出，近年来沈阳自动化研究所在电力领域机器人的创新方向主要围绕巡检机器人、用于电力营销的智能服务机器人等方面的机构优化设计、情感分析、仿真分析等关键技术研究。沈阳自动化研究所除了传统的巡检机器人机构设计等优势外，也在向电力市场交易的虚拟机器人发展，在情感分析等方面进行更深层次的基础理论和应用探索。

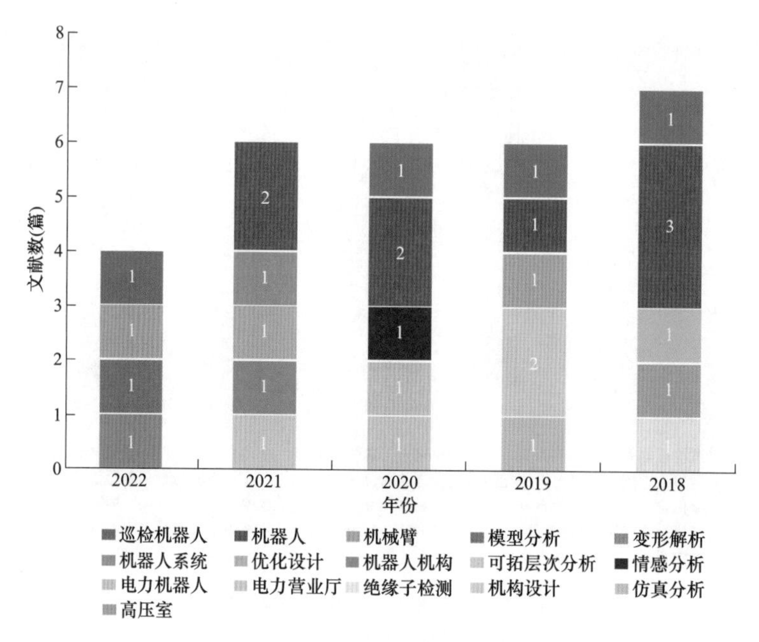

图 1-57　中国科学院沈阳自动化研究所电力领域机器人文献技术年度交叉分析（2018—2022 年）

1.2.3.9　中国高校电力机器人研究总体现状分析

电力工业机器人是我国机器人学科和产业的重要组成部分，如图 1-58 所示，在中国机器人学科文献数量前 10 名的统计中，列第六位。由图 1-59 可知，21 世纪以来，我国

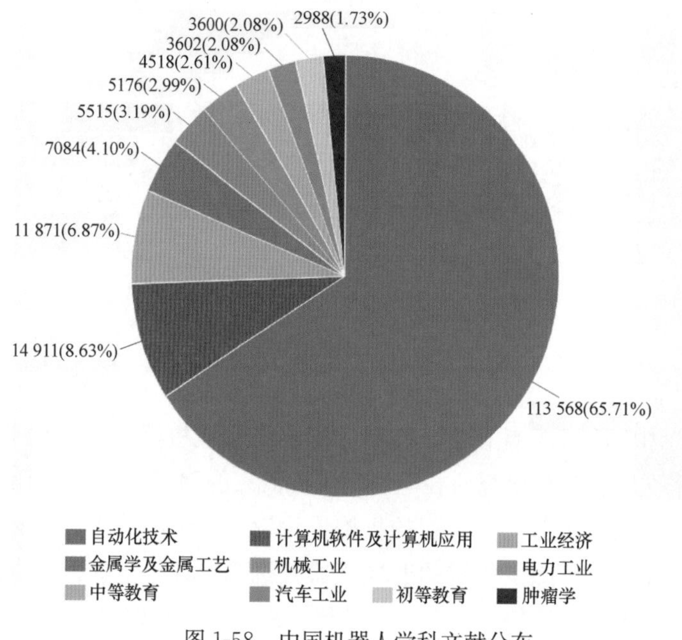

图 1-58　中国机器人学科文献分布

电力工业机器人的研究成果经历了十几年的爆发式增长时期，正在进入平台成熟期，未来一段时间机器人产业和落地将进一步加速。高校作为电力机器人创新的“策源地”，从基础研究、应用创新、成果转化等多个科技断面来看，都将迎来重要的挑战和发展机遇，面向未来以新能源为主体的新型电力系统，主要高校在电力领域机器人的投入将持续增加，该领域成果数量的比较靠前的高校包括华北电力大学、武汉大学、上海交通大学、长沙理工大学、东北大学、哈尔滨工业大学、湖南大学、山东大学、华南理工大学、浙江大学等。我国电力领域机器人研究文献研究机构分布如图 1-60 所示。

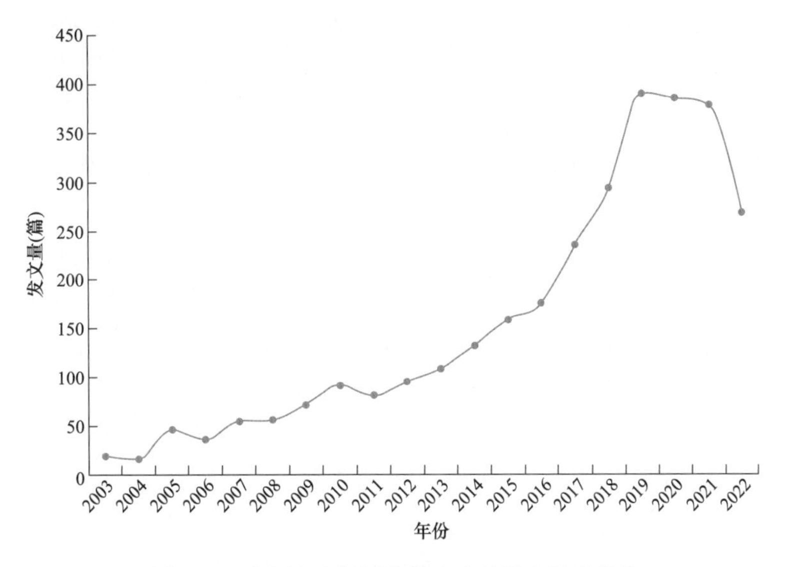

图 1-59　我国电力领域机器人文献发表年度趋势

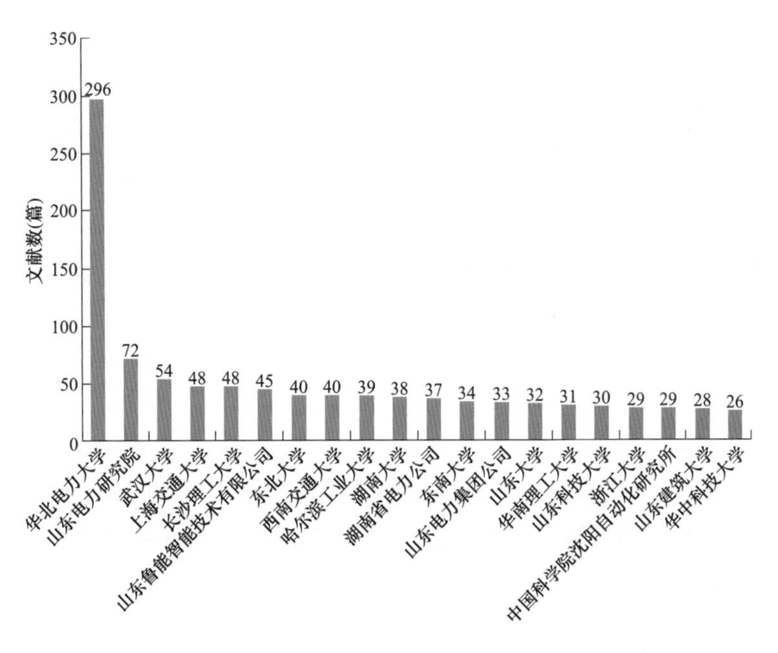

图 1-60　我国电力领域机器人研究文献研究机构分布

1.3　国内外智能机器人产业战略对比分析

新冠肺炎疫情增加了智能机器人对于社会方方面面的重要性。世界主要国家都将机器人产业列入科技发展的重要战略方向，从国家战略层面重视机器人技术与产业的发展。

美国具有较强的机器人核心技术和产业化能力，其政府发起的国家机器人计划（NRI）涵盖了机器人核心技术的基础理论、科学研究和系统集成等方面，鼓励学术界、工业界、非营利组织及其他组织之间的合作。国防部（DoD）和火星探索计划提供用于国防和太空应用的机器人资金。根据统计年鉴《世界机器人》的数据，美国的机器人年安装量已连续八年增长。

日本“新机器人战略”旨在成为世界机器人的创新中心，涵盖了制造业、医疗保健、农业、基础设施等重要部门。

欧盟的机器人战略主要在“地平线 2020”框架计划之中，该计划提供了 7 年共计 7.8 亿美元的资金，包括对制造、商业、医疗、运输、农业、食品等行业机器人研发的资助。近年来主要资助工业数字化、新领域的机器人应用、认知机电一体化、社会协作交互、基于模型的设计和编程工具等方面的关键技术研发。

韩国的《智能机器人开发和供应促进法》重点涵盖制造、定制化的服务机器人领域（包括医疗保健和物流）、下一代机器人上下游关键零部件软件等方面。

我国高度重视机器人技术的研究和应用，自 20 世纪 70 年代以来就从政策层面大力支持机器人产业发展。我国“国家高技术研究发展计划”（简称“863”计划）自 1986 年设立之初，便开始围绕智能机器人开展科研攻关，为我国的智能机器人产业发展打下坚实的基础。2006 年国务院颁布《国家中长期科学和技术发展规划纲要（2006—2020 年）》，将智能服务机器人列入长期发展规划。2012 年科技部出台《服务机器人科技发展“十二五”专项规划》，推进研究开发新型的服务机器人，用以替代抢险救援人员进入消防、煤矿、地震、电力、核工业等行业中的危险环境进行作业，辅助医生开展微创手术等活动。2013 年工信部发布《关于推进工业机器人产业发展的指导意见》，要求突破一批关键零部件制造技术和核心技术，提升主流产品的可靠性和稳定性指标，在重要工业制造领域推进工业机器人的规模化示范应用。2016 年 4 月，工业和信息化部、国家发展改革委、财政部等三部委联合印发了《机器人产业发展规划（2016—2020 年）》，为“十三五”期间中国机器人产业发展描绘了清晰的蓝图。2017 年 12 月，工信部印发了《促进新一代人工智能产业发展三年行动计划（2018—2020 年）》，以信息技术与制造技术深度融合为主线，以新一代人工智能技术的产业化和集成应用为重点，推动人工智能和实体经济深度融合，加快制造强国和网络强国建设。2022 年 10 月，党的二十大报告指出，要推动战略性新兴产业融合集群发展，构建新一代信息技术、人工智能、生物技术、新能源、新材料、高端装备、绿色环保等一批新的增长引擎。机器人产业正在迎来一个创新发展、升级换代的重要机遇期。

1.4 本章小结

本章从机器人产业的头部企业、关键高校和主要研究机构等几个产业面出发，分析了互联网、人工智能等新一代信息技术发展下的国内外智能机器人产业发展现状与潜在规模评估，对比了国内外智能机器人产业方面的国家战略，研判智能机器人产业发展的机遇与趋势。

2022 年全球机器人市场规模达到 513 亿美元，2017—2022 年的平均增长率达到 14%。其中，我国机器人市场规模始终保持增长态势，近年来我国工业机器人新增安装量排名世界第一，并超过了其他国家和地区安装数量的总和。

我国作为世界机器人第一大市场，正面临着巨大的发展机遇和挑战。推动智能机器人高质量发展，需要根据我国国情和内外部发展环境，制定有针对性的智能机器人发展战略，攻克核心零部件、新型传感器、人机交互、人工智能等关键技术，发挥我国超大规模市场和全产业链优势，实现智能机器人产业的转型和升级。

第 2 章 智能机器人关键技术

智能机器人关键技术包括硬件关键技术和软件关键技术两部分。硬件关键技术主要涵盖机器人本体（可分为机械系统和驱动系统）、传感单元、控制元件等关键技术；软件关键技术主要包括用于机器人开发的软件设计平台技术，以及构成机器人调节、控制、任务执行等程序的编程语言。本章将机器人本体及元件的控制和驱动程序分别放在对应硬件的关键技术之中介绍。

2.1 智能机器人硬件关键技术

常见的智能机器人硬件基础架构示意图如图 2-1 所示。机器人本体由机械系统和驱动系统两部分构成，机械系统通过传动执行装置实现运动功能，完成规定的操作；驱动系统为机器人各部分提供动力；传感单元主要用于收集机器人内部状态和外部环境信息；人机系统是机器人与操作人员的交互界面，用于接收人机指令；控制元件根据接收到的人机指令，以及传感单元收集的信息，控制驱动系统和机械系统的动作。

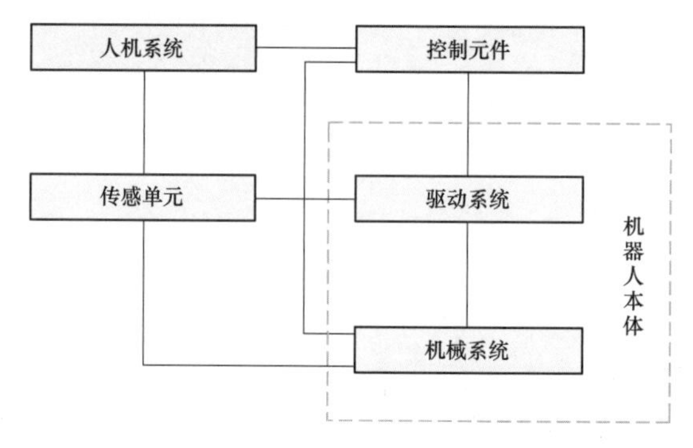

图 2-1 智能机器人硬件基础架构示意图

2.1.1 机器人本体

2.1.1.1 智能机器人的典型驱动系统

智能机器人在驱动方式的选择上主要有三种形式，分别为电动机驱动、液压驱动以及气压驱动。

电动机驱动主要依靠各种电动机产生的力或力矩驱动机器人本体的运动，必要时可以通过搭配减速器等机构实现对于位置、速度等的准确控制。电动机驱动具有布置整洁、控制方便，且运动精度较高、维护成本低、驱动效率高等优点，是最为常见的一类机器人驱动方式。电动机驱动中常用的 3 种电动机主要为步进电动机、有刷直流电动机和无刷直流电动机，而最常在机器人领域中使用的是无刷直流电动机。它具有功率扭矩较为突出且体积较小的特点，可以实现对力矩的精确控制，能够驱动机器人完成复杂的动作。

液压驱动利用液体介质来实现驱动力传递。这种驱动形式将液压泵系统产生的压力传递给液压执行器，驱动机器人完成相应动作。液压驱动具有力矩大、重载荷等优点。其缺点是维护复杂，以及存在磨损和液压系统内、外漏的风险。

气压驱动和液压驱动原理上较为一致，主要利用气体介质完成驱动力传递和功率输出。气压驱动的功率密度较高，作用时间短、动作快，适合使用在需要执行机构进行快速直线运动的场合上。

2.1.1.2　智能机器人的典型机械系统

机械系统作为机器人赖以完成作业任务的执行机构，一般指的是可在确定环境中执行控制系统指定操作的机械本体。而因为智能机器人的作业任务不同，机械系统的结构和运动形式也各不相同。

（1）对于一些带有机械臂和多关节特征的智能机器人而言，机械系统中主要运动形式有伸缩、俯仰、回转、升降等，对应可实现这些运动形式的典型机构如下：

1）伸缩和直线运动机构。一般而言伸缩和直线运动机构较为单一，常采用相应的活塞液压机构、丝杠螺母机构、齿轮齿条机构等形式，可以使机器人实现伸缩运动、水平直线运动或者纵向竖直运动。

2）回转运动机构。回转运动是指机器人绕轴的转动。实现机械回转运动的常见机构有叶片式回转缸、齿轮、链轮、连杆等。这种运动可限定机器人所能到达的角度位置，也可以不做限制。

3）俯仰运动机构。俯仰运动一般采用活塞液压缸和连杆机构共同实现，通过铰链等连接机构带动机械俯仰动作。

（2）对于一些具有移动机构的智能机器人，机械系统的主要运动形式为行走、爬行、跳跃、飞行、潜行等形式，对应可实现这些运动形式的典型机构如下：

1）轮式运动机构。一般而言轮式运动机构是地面移动类机器人最为常见的机械系统，通过多轮的组合实现机器人的滚动前行、后退、转向以及爬行等动作。

2）履带式运动机构。区别于轮式运动机构，履带式运动机构通过履带完成机器人的各项移动功能，同时由于履带的地形适应性，常常应用在复杂地面的移动当中以解决某些特殊机器人的现场应用需求。

3）桨翼式运动机构。对于空中机器人或水下机器人而言，桨翼类型的运动机构可实现机器人在空气或液体介质下浮升、下降、移动、涡流推进等动作，满足流体力学设计的桨翼结构通过电动机带动的回转运动，利用空气或液体介质的反推实现朝向某个方向的运动。

近年来，随着仿生机器人相关领域知识的兴起和突破，一些具有仿生移动功能的机械系统也获得了应用发展。

2.1.2　传感单元

智能机器人根据外部环境反馈执行自身任务控制指令时，离不开各类样式的传感单元来提供各种基础数据信息。常见的智能机器人传感单元，主要可以分为视觉、力、位置、温度、惯性、气体等多种类别。

2.1.2.1 视觉传感器

视觉传感器在智能机器人上应用较为普遍，这里的视觉传感器不但包含可见光传感器，还包含一些近红外、红外等特殊波段的视觉传感器。二维视觉传感器主要依赖摄像头等成像元件，它可以完成对于物体运动的检测和定位，辅助机器人获取目标对象的形态，完成复杂环境的巡检任务。除了二维视觉传感器以外，近些年来也发展了利用两台摄像机在不同角度拍摄记录，形成三维立体视觉成像的视觉传感器系统，通过这种双目形式的视觉传感器形式，可以实现对物体的三维扫查和识别，更加直观地获取物体的三维形貌。

2.1.2.2 力传感器

力传感器用于检测机器人各类关节、手臂、腿足的相应力与扭矩大小。例如，电力巡检或应急救援的四足机械狗及多足机器人，能够完成复杂地面的自适应平衡行走，位于各关节的力传感器起着决定性作用。借助提供三轴力和三轴力矩反馈的力传感器，四足机械狗可自行调整步态完成对于平地、砂石、草地、泥地等不同地质的行走。通常将四个六维力传感器分别安装在四足机械狗的四肢脚踝关节处，用于监测四足机械狗在不同地形中每只脚所受到的力与力矩，通过四肢中间的输出线传输至机械狗内部中央处理器上，通过其内部算法计算之后，再通过传输线给四肢腿关节处的伺服电动机输出指令，使机械狗能够调整位姿，平稳地进行行走并完成其他运动动作。

2.1.2.3 位置传感器

位置传感器是指导智能机器人感知外界物体距离、获取环境反馈最重要的一类传感器。位置传感器包括光电接近开关式、压力接触感应式、超声波、激光雷达等形式。

光电接近开关式是指当物体与其接近到设定距离时，就发出“动作”信号的开关，它无需和物体直接接触。接近开关有很多种类，主要有电磁式、光电式、差动变压器式、电涡流式、电容式、干簧管、霍尔式等。较为常见的另外一种位置传感器就是压力接触感应式，接触感应式传感器的触头由两个物体接触挤压而动作，常见的有行程开关、二维矩阵式位置传感器等，这类传感器通过挤压后的开关信号获得是否到位的外界反馈信息。比如在储罐除锈机器人或灰库清理机器人中，可以通过机械臂前端的行程开关感知用于清理的毛刷或者擦头的位置，判断是否接触到了待清理罐体或库壁的表面。

除了上述两种以外，在智能机器人中较为常用超声波、激光等位置测量手段。例如，无人机和爬壁机器人可利用超声波和激光的测距原理，获知高度或障碍物距离等信息，指导相应的运动。

2.1.2.4 温度传感器

温度传感器在智能机器人中的应用较为普遍。作为机器人探测外界环境对象温度的必要传感器，目前大部分机器人用的温度传感器采用的是具有红外成像功能的红外测温传感器，广泛应用于各类室内外（开关室、变电站、输煤廊道、地下管廊等）巡检机器人、光伏巡检无人机等场合。区别于热电偶、热电阻等，红外测温传感器可以实现非接触式、远距离测温，响应时间短，使用寿命长，操作方便，更贴合智能机器人使用需求。

2.1.2.5　速度/加速度传感器

对于智能机器人而言，在其运动过程中需要时刻检测并关注其运动的速度、加速度等关键信息。在各种巡检机器人以及运动机器人中较为常见的是惯性传感器，用于综合感知机器人的加速度、倾斜、冲击、振动、旋转和多自由度运动状态。惯性传感器通常包括加速度传感器和角速度传感器，及这些传感器的单、双、三轴组合 IMU（惯性测量单元），AHRS（包括磁传感器的姿态参考系统）等。惯性传感器可用于机器人自身的方向和姿态的感知，为机器人的运动进行纠偏。

针对速度/加速度传感器的测量数据进行积分计算，可以获得机器人行进的速度、距离、角度等二次信息。

2.1.2.6　气体传感器

能源电力行业属于特种行业之一，防爆场景众多，在这些场合中气体传感器作为一种特殊的化学传感器，在智能机器人中应用普遍。对于能源电力行业来说，一般需要监测的常见气体包括可燃气、硫化氢、氢气、氨气、六氟化硫、氧气、一氧化碳、二氧化硫以及氮氧化物等。以电厂储罐喷涂机器人作业为例，根据行业标准要求必须采用防爆设计，这类机器人内置有可燃气体探测器，以对周围环境的燃气含量进行实时监测。针对化水车间、煤场、输煤廊道等典型场景，需要机器人搭载烟雾或有毒有害气体传感器，当巡检现场有烟雾产生或有毒有害气体浓度超标时，移动巡检机器人会发出相应的警报，提示巡查人员检查潜在的火源或设备泄漏等隐患风险点。

2.1.3　控制元件

控制元件作为智能机器人的核心部分，是影响机器人性能的关键部分之一。面向不同的应用需求，控制元件的硬件选型技术路线主要包括可编程逻辑控制器（Programmable Logic Controller，PLC）、工控机控制器（PC-based）、嵌入式单片机控制器，以及其他专用控制单元四种技术路线。

2.1.3.1　可编程逻辑控制器

可编程逻辑控制器是以计算机技术为基础的新型工业控制装置，主要优点是稳定性高；但缺点是价格高。

当可编程逻辑控制器投入运行后，其工作过程一般分为三个阶段，即输入采样、用户程序执行和输出刷新三个阶段，完成上述三个阶段称作一个扫描周期。在整个运行期间，可编程逻辑控制器的 CPU 以一定的扫描速度重复执行上述三个阶段。

1. 输入采样

在输入采样阶段，可编程逻辑控制器以扫描方式依次地读入所有输入状态和数据，并将它们存入 I/O 映象区（输入/输出映像区）中的相应单元内。输入采样结束后，转入用户程序执行和输出刷新阶段。在这两个阶段中，即使输入状态和数据发生变化，I/O

映象区中的相应单元的状态和数据也不会改变。因此，如果输入是脉冲信号，则该脉冲信号的宽度必须大于一个扫描周期才能确保信号被读取。

2. 用户程序执行

在用户程序执行阶段，可编程逻辑控制器按由上而下的顺序依次扫描用户程序（梯形图）。在扫描每一条梯形图时，先扫描梯形图左边的由各触点构成的控制线路，并按先左后右、先上后下的顺序对由触点构成的控制线路进行逻辑运算，然后根据逻辑运算的结果，刷新该逻辑线圈在系统 RAM 存储区中对应位的状态；或者刷新该输出线圈在 I/O 映象区中对应位的状态；或者确定是否要执行该梯形图所规定的特殊功能指令。

在用户程序执行过程中，只有输入点在 I/O 映象区内的状态和数据不会发生变化，而其他输出点和软设备在 I/O 映象区或系统 RAM 存储区内的状态和数据都有可能发生变化。排在上面的梯形图，其程序执行结果会对排在下面的相应线圈或数据的梯形图起作用；相反，排在下面的梯形图，其被刷新的逻辑线圈的状态或数据只能到下一个扫描周期，才能对排在其上面的程序起作用。

3. 输出刷新

当扫描用户程序结束后，可编程逻辑控制器就进入输出刷新阶段。在此期间，CPU 按照 I/O 映象区内对应的状态和数据刷新所有的输出锁存电路，再经输出电路驱动相应的外设。这时，才是可编程逻辑控制器的真正输出。

2.1.3.2 工控机控制器

工控机控制器（PC-based）是一种基于计算机技术的控制系统。最早的 PC-based 控制系统是以工控机为核心，通过扩展带 PCI 接口的专用板卡组成。PC-based 借助于 IT 技术的发展，在运算、存储、组网和软件开放性方面具有优势。

面向越来越复杂的工业应用，工控机控制器（PC-based）配置一定数量的存储单元和数据存储功能，可实现一些较复杂的计算和存储功能。

工控机控制器（PC-based）拥有强大的浮点计算能力，适合复杂公式计算或趋势预测推定。工控机控制器还具有开放标准的系统平台、PCI 接口、精美且低成本的显示技术、丰富的组网能力。PC-based 控制器的平均无故障时间间隔约为 5 万 h。

2.1.3.3 嵌入式单片机控制器

基于 PLC 或 PC 构建的控制系统由于体积庞大、不便于移动、功耗大、成本较高，在移动环境下可靠性低，因此如果投入实际应用，还需要借助低成本、低功耗、高性能、高可靠性的嵌入式单片机控制器，将控制系统和算法移植到机器人本体中。

智能机器人选择单片机作为控制器需要重点考虑以下三点：单片机的运行速度；单片机 I/O 端口的类型和接口数量；编程脚本语言及系统功耗。

目前，单片机已广泛称作微控制器（MCU），一般是以某一种内核为核心，芯片内部集成 ROM、E2ROM、RAM、总线、总线逻辑、定时、计数器、看门狗、GPIO、PWM、AD、DA、FLASH 等各种必要功能和外设，实现机器人控制系统的嵌入式应用。

2.1.3.4　其他专用控制单元

其他专用控制单元主要涉及专门设计用来极快地进行离散时间信号处理计算的数字信号处理器（DSP），相较 MCU 而言，内含乘加器，能比其他处理器更快地进行这类运算。

按照 DSP 的用途来分，可分为通用型 DSP 芯片和专用型 DSP 芯片。通用型 DSP 芯片适合普通的 DSP 应用，专用型 DSP 芯片是为特定的 DSP 运算而设计的，更适合特殊的运算，如数字滤波、卷积和傅里叶变换（FFT）等运算处理。

DSP 芯片的优势是具有大规模集成性且稳定性好、精度较高，具有可编程性、可嵌入性，在接口和集成方便的同时还具有高速性能响应。但 DSP 芯片价格偏高、功耗较大，且容易受到高频时钟干扰影响。

2.1.4　人机系统

人机系统作为各类机器人与使用者交互的主要硬件构成，是使用者参与调节、控制机器人的人机接口。作为控制机器人的重要系统组成，人机系统的完备性、便利性在很大程度上将影响使用者发挥机器人的性能。

人机系统借助显示器展示给使用者有关机器人工作状态的各种信息，使用者通过界面反馈的相关内容利用控制元件调整、控制机器人运动，最终实现人机交互的功能目的。

（1）以多旋翼无人机的人机系统，也即是无人机的地面站系统设计举例。无人机地面站设计需要包含通信模块、状态显示模块、传感器校准模块、电调控制模块、飞行日志分析模块以及航线规划导航模块等几大功能模块。

1）通信模块搭建串口通信平台，为无人机或遥控器调试提供通信支持。

2）状态显示模块中仪表显示无人机状态数据和电池剩余电量、飞行曲线、飞机内部的 IMU 数据。

3）传感器校准模块校准传感器参数，电调控制模块设置无人机电动机转速并显示，做好无人机飞行前调试工作，构建安全的飞行状态。

4）电调控制模块，是指无人机的控制系统和电动调速器组成的控制单元。飞控和电调的链接通常是通过 PWM 信号实现的。具体来说，飞控会通过 PWM 信号控制电调输出的电流，从而控制无人机的飞行状态。

5）飞行日志分析模块设计无人机日志获取和分析机制，在无人机出现飞行故障时，进行错误日志分析，指导使用者进行故障排除。

6）航线规划导航模块构建系统航线设计平台，实现无人机自主飞行、电量及状态信息反馈。

（2）对于其他机器人的人机系统而言，地面站的设计同样需要保证信息的接收、处理、储存、显示以及控制输出等几大功能。以电网线塔除冰或风电机组检测类的机器人的地面站设计为例，通常包含以下几个模块：

1）通信模块。其为使用者和机器人之间建立通信支持方便收发两者之间的指令。

2）运动控制模块。上层由主控制器承担完成，下层由机组的电动机控制单元构成，上层主控制器可以是由一片单片机构成，下层电动机控制单元主要由 MCU 运动控制芯片、电动机驱动芯片、电动机光电编码器等构成。

3）状态显示模块。由一块工业显示屏展示机器人相关传感器（IMU、温湿度计、电动机转速、高度、位置）的状态信息。

4）日志任务模块。主要体现在机器人操作系统中，向使用者展示机器人的任务执行情况并对任务指令下发提供解析，驱动后台程序执行。

5）摇杆控制模块。包含但不限于遥控杆等形式的外界操作控制单元，可以实现使用者对于机器人的控制。

6）存储模块。包含记忆单元存储机器人相关任务日志信息、作业数据图像以及机器人系统设定信息。

2.2 智能机器人软件关键技术

2.2.1 软件开发平台

机器人的软件开发平台一般是指给多种机器人设备开发程序的软件包。它一般具备以下内容：①统一的编程环境；②统一的编译执行环境；③可重复利用的组件库；④完善的调试/仿真环境；⑤各种对于机器人硬件设备的“驱动”程序支持；⑥通用的功能控制组件（如计算机视觉、导航、机械臂控制等）。

经过技术发展与市场迭代，目前市面上常见的软件开发平台有美国的 Evolution Robotics、Microsoft Robotics Studio 以及欧洲的 OROCOS 等。

2.2.1.1 Evolution Robotics

Evolution Robotics 简称 ERSP，集成了视觉识别系统（VIRP）和视觉导航映射系统（VSLAM）等模块。

该平台提供可视化编程环境工具，通过构建图标来构建程序。系统通过运行时“任务”程序来激活或停止“行为”程序集。该平台属于商用型的机器人软件开发平台，并不开源免费，但在运行环境方面可支持在 Windows 和 Linux 下运行。

2.2.1.2 Microsoft Robotics Studio

Microsoft Robotics Studio（MSRS）是微软开发的一款机器人软件开发平台。主要通过分布运行的开发环境，来完成信息传递和线程管理任务。软件提供了完备的仿真和图形化开发环境。

该软件开发平台不属于开源免费平台，仅可以在 Windows 和 Windows CE 下运行，无法适用于 Linux 系统，是专属于微软旗下的机器人软件开发平台。

2.2.1.3 OROCOS

OROCOS 是一个开源控制库，可提供一系列可重复使用的组件和硬件驱动程序，并具有针对实时操作环境优化的开发平台，可以实现高级运动控制和机器人动作控制。OROCOS 在开发环境上采用“锁独立缓冲区”技术，满足应用程序的实时性要求，但不具有仿真和分布运行的开发环境特点。

与前两个软件开发平台不同，OROCOS 属于开源免费平台，但不支持 Windows 系统环境，仅支持在 Linux 系统下的开发。OROCOS 以支持大量可复用的开发组件和硬件驱动程序的优势特点，在开源机器人软件开发平台上占有一席之地。

2.2.2　常用编程语言

目前，较为常用的机器人开发语言包含有 C、C++、C#、Python、Java 等，是主要取决于执行机构（伺服系统）的开发语言；机器人编程语言可以分为动作级、对象级、任务级三个级别。

2.2.2.1　动作级编程语言

动作级编程语言是最低一级的机器人语言，主要以描述机器人运动状态为主。显著特点是对应机器人的位姿运动往往是“一对一”关系，即一条指令对应一项运动描述。动作级编程语言在开发过程中比较简单，对应关系较强，开发人员梳理机器人动作命令较为清晰；但缺点也很明显，动作级编程语言对于变量的类型有自己的定义，不接受浮点数和字符串类型，同时对于复杂传感器信息也无法采用，只能接受开关量信息，相对而言，与计算机通信能力较为一般。典型的动作级编程语言有 VAL 语言。

2.2.2.2　对象级编程语言

对象级编程语言主要适用于作业流程及作业物体，相比于动作级编程语言来说要高一级，它不需要描述机器人某一项动作，而是由开发人员根据作业顺序过程和环境模型进行程序语言的描述，再通过编译程序便可以使得机器人对象获取动作指令。因此对象级编程语言具有很好的开发性，在数学计算和处理方面比动作级语言要更好，同时也接受更多变量类型，例如浮点数，也能够与计算机进行即时通信。典型的对象级编程语言有 Python、C++、AML、AutoPASS 等。

2.2.2.3　任务级编程语言

任务级编程语言是比前两类更高级的一种语言，也是最理想的机器人高级语言。这类语言不需要用机器人的动作来描述作业任务，也不需要描述机器人对象物的中间状态过程，只需要按照某种规则描述机器人对象物的初始状态和最终目标状态，机器人语言系统即可利用已有的环境信息和知识库、数据库自动进行推理、计算，从而自动生成机器人详细的动作、顺序和数据。目前而言，真正的任务级编程语言由于需要人工智能理论基础以及大量知识库、数据库支持，还只能算是需要进一步研究的编程语言类型，没有典型的代表语言。

2.3　本　章　小　结

本章从智能机器人基本软、硬件构成及关键技术等方面展开论述，硬件关键技术部分介绍了机器人本体、传感单元、控制元件、人机系统等相关内容。智能机器人依靠传感单元可以获得位移、力、视、听、温度等方面信息，帮助机器人感知本体运动或者环境状态等参量变化，同时各类丰富的传感器信息会传输至核心控制元件，即机器人本体控制系统所广泛采用的 MPU、MCU、DSP 以及 PLC 等控制元件中进行计算和处理，从而控制机器人的驱动和机械结构执行正确的动作。软件关键技术部分介绍了智能机器人主流软件开发平台、常用编程语言体系等两方面的软件技术，介绍了各类开发平台的特色以及机器人编程语言的大致分类，为机器人开发环境的软件选型提供必要参考。

智能机器人技术仍将在未来工业数字化、智能化浪潮中得到长足发展，相关传感、控制等细分领域将随着新材料、新工艺、新原理的发现获得技术发展，人们也将在新型智能机器人的设计当中不断升级智能机器人技术的需求，使得机器人在动态环境感知、动作决策、自主执行等方面能力不断获得提升。

第 3 章 电力行业对智能机器人的需求

电力行业作为智能机器人的重要应用领域之一。在构建新型能源体系过程中，电力行业智能机器人将越来越多地应用于发电厂、输电线路、变电站、配电网络等重要电力基础设施，呈现出巨大的需求潜力和发展空间。面向电力行业不同应用场景的实际需要，根据智能机器人作业空间的不同，将机器人的任务需求分为三个空间维度：地面任务需求、高空任务需求以及地（水）下任务需求。

3.1 地面任务需求

3.1.1 地面巡检

对于能源电力行业而言，在大多数场景下采用地面巡检的方式是巡检人员快速发现并评估现场异常最直接和有效的方式，然而由于流程工艺复杂、设备分布众多、待检区域广阔、劳动强度较大等诸多原因，传统的人工巡检方式，也面临着巡检不及时、漏检、误检等问题。采用基于智能机器人的巡检方式，可减少人工现场巡检工作量，同时可实现提高巡检信息自动化采集程度，提升电力基础设施安全、经济运行水平的目的。

电力行业中地面巡检智能机器人主要可以分为面向输配电侧的地面巡检以及面向发电侧的地面巡检。

3.1.1.1 电网输配电侧地面巡检需求

面向电网输配电侧的地面巡检任务，智能机器人当前的主要应用场景包括室内高压电气开关柜，以及室外变压站一次、二次设备巡检等内容。

1. 室内高压电气开关柜的巡检

为保证室内高压电气开关柜安全稳定运行，对于开关柜的传统人工巡检内容如表 3-1 所示。

表 3-1　　开关柜主要巡检项目表

设备类别	巡检项目	巡检要求
开关柜	外观	外壳无变形，无损伤；防护油漆无严重锈蚀、破损剥落；柜体安装牢固，外表清洁、无杂物；铭牌和标识粘贴整齐，无脱落
	运行状态	仪器、仪表指示正常，开关分合位置正确，无报警指示；转换开关在规定位置
	红外成像	相关电气器件、触点、电线、电缆运行温度≤60℃，无异常温升、温差
	气体泄漏	无特殊气体泄漏

由表 3-1 可见，对于室内高压电气开关柜，通过采用开关柜巡检机器人，并搭配相关的视频摄像头以及红外测温传感器，可以满足以上检测需求，并降低了人员在高压电

气区域巡检的安全风险，图 3-1 所示为室内高压电气开关柜巡检机器人。

图 3-1　室内高压电气开关柜巡检机器人

2. 室外变电站一次、二次设备巡检

变电站主要设备巡检项目如表 3-2 所示，传统人工巡检存在着对巡视点定位不准确、信息记录具有较大随机性和波动性等弊端，无法形成电子化的数据记录和历史趋势数据信息，难以持续指导后续设备的维护管理。

表 3-2　　变电站主要设备巡检项目表

设备类别	巡检项目	巡检要求
一次设备	外观	外观、连接、油位及运行环境等无异常
	关键部件	操动机构、辅助系统、油压或气压无异常
	红外热像	无异常温升、温差
二次设备	装置运行状态	信号指示、液晶屏显示正常，连接片及开关位置与实际相符
	红外热像	屏内接线端子无异常温升、温差

变电站智能巡检机器人主要应用于室外变电站，主要技术需求包括红外测温、表计读数、分合执行机构识别及异常状态报警等巡检作业，并提供巡检数据的实时上传和数据分析、信息显示和报表自动生成等后台功能，巡检效率高、对雨雪等恶劣环境适应性强，可有效地提高变电站设备运行可靠性。

3.1.1.2　发电侧地面巡检任务需求

随着智慧电厂建设的深入，智能巡检机器人在发电厂重点地面区域的应用越来越广泛，当前的应用需求主要聚焦于发电厂主厂房巡检、发电厂电气设备巡检、发电厂输煤廊道巡检、发电厂煤场存煤量盘点巡查、核电厂辐射剂量异常巡检、发电厂区室外大型构筑物巡检六类场景。

1. 发电厂主厂房巡检

在发电厂众多区域的巡检任务中，锅炉、汽轮机、化水车间等厂房的巡检工作范围大且环境较为复杂，涉及设备众多且有高温高压设备，同时还有转动机械设备，巡检任务多样，检测结果受到检测手段、数据记录、数据分析方面的制约，有效的巡检数据获取耗时耗力，且得到的巡检数据难以系统性地加以利用。一旦发生蒸汽泄漏等事故，巡检人员也无法第一时间到位检查。除此以外，跑冒滴漏还包括水、酸碱溶液、油、灰渣粉、煤粉、烟气、水煤浆、火焰、电火花等十余种物质形态。火力发电厂的跑冒滴漏检查包括了泵体、阀门、管道、磨煤机、接口等设备。目前，常规针对跑冒滴漏现象的管控，主要是安排人员就地检查，但由于现场环境复杂，设施、管道众多，靠人工检查，一些异常事件仍有可能疏漏。跑冒滴漏不仅对环境造成污染，对现场人员造成职业危害，还会造成成本浪费，增加机组运行安全隐患等。通过采用智能巡检机器人完成大范围的主机厂房表计识别、红外测温、跑冒滴漏等工作，可以达到节约成本、提升效率、提高机组安全性的效果。

2. 发电厂电气设备巡检

电厂电气设备传统的巡检工作需要运维人员定期到配电室、开关站等重要设备区域进行巡视作业，采集并记录大量的运行数据。人工巡检工作存在着巡检到位率低、设备巡视质量不高以及巡视数据不准确等问题。在机组运行时，电气设备处于带电状态，存在人身安全隐患。电气设备巡检机器人可以提升电气设备供电稳定性、提高巡检作业安全性。

电气设备巡检机器人主要的工作内容有：

（1）电气柜仪表示数、开关状态的图像识别；

（2）局部放电检测；

（3）电气柜红外温度监测。

同时，电气设备巡检机器人还需要对电气柜顶部通风设施、区域空调系统等设备运转情况进行检测，以保障电气开关室区域的整体室温和设备冷却处于正常。

3. 发电厂输煤廊道巡检

输煤系统是燃煤电厂中的事故高发系统，究其原因主要是系统运行时缺少按照相关规定进行严格的安全检查，导致安全隐患没有被及时发现和处理。输煤廊道环境特殊：输煤线路长、环境差、煤粉多、潜在火源点密集，当输煤系统运行时，运行人员需要遵照规程对输煤廊道进行频繁的巡检，以及时发现问题，但实际巡检效果受人员素质、时间安排、工作盲区等多方面因素影响，常常会发生漏检；另外，人员巡检劳动强度大，工作环境恶劣，巡检质量效果难以保障。如果简单依靠增加自动化监测设备提高巡检强度，又会因为廊道距离长、监控点多，造成系统成本过高、维护困难等问题。输煤廊道巡检机器人可实现输煤廊道的智能巡检工作，不但提高了巡检效率和可靠性，还降低了运行人员的巡检劳动强度和作业风险。

输煤巡检机器人的主要工作内容应包括：

（1）输煤皮带的跑偏识别；

（2）针对输煤皮带、托辊等区域的整体红外测温识别；

（3）输煤皮带的撕裂检测；

（4）输煤皮带上的异物检测；

（5）输煤皮带区域附近的撒煤检测。

同时，针对输煤机支撑钢架的变形观察、输煤区域照明、消防系统的温度监测和可见光异常监测，输煤区域异常气体监测等，也应纳入输煤巡检机器人的工作内容。

4. 发电厂煤场存煤量盘点巡查

针对堆存环节，煤场燃料存量的盘点如果靠人工测量（如图 3-2 所示），不仅需要耗费大量的人力和物力，其测量精度不高，费时费工，制约了火力发电厂燃料管理水平的提高。在巡查方面，煤场还存在高挥发煤种的自燃问题，巡查工作艰苦，责任重大，因此需要一种及时对煤场温度异常进行预警的有效手段。盘点和巡查工作由智能机器人来完成，可以节省人力，提高测量精度。

图 3-2　人工盘点存煤

5. 核电厂辐射剂量异常巡检

相比于火力发电厂，核电厂的厂房结构和巡检任务更为复杂，除设备状态、仪表读数、跑冒滴漏类的任务外，辐射剂量（尤其是 γ 剂量率）的巡检是核心巡检内容。机器人的耐辐照性和安全性要求高于普通的智能巡检机器人，随着相关技术的发展，巡检机器人也开始应用于核电厂 BOP 厂房（除核电核岛、常规岛以外的外围设施厂房），并逐步由常规岛厂房向核岛厂房推广。图 3-3 所示为某核电站垃圾库房辐射巡检机器人，该机器人具有自动巡检和分析功能，能够对放射性异常进行二次复核以及报警，该机器人的使用，能够大幅减轻辐射防护人员工作量，提高核电站固体废物的安全处置水平。

6. 发电厂区室外大型构筑物巡检

发电厂有较多露天设备和构筑物，如储煤场、油罐、灰库、锅炉、烟囱、冷凝塔等。与室内运行机组及其设备巡检相比，露天设备和构筑物由于在巡检中缺少有效测量手段，巡检不方便，容易造成巡检工作不到位，从而导致露天设备和构筑物高空坠落、坍塌等恶性事故的发生。同时，在台风、大雪等自然灾害过后，露天设备和构筑物可能出现破损、变形等情况，需要对其及时进行检查，以避免破损、变形程度加深。通过机器人在

图 3-3　某核电站垃圾库房辐射巡检机器人

室外区域完成露天设备和构筑物的巡检工作，并结合有效的检测手段，可以有效降低人员室外巡检工作负担和安全风险，及时发现并上报隐患问题，保障人员及设备安全。

3.1.2　流程作业

电力行业中的流程作业领域是智能机器人应用的重要方向，是保证发电效率以及供电稳定性的关键环节。典型需求场景目前主要集中在燃料采制化方面，主要分为燃料采样、制样、化验三个流程中对于自动化作业的需求。

1. 燃料采样作业

燃料入场和入炉前，为化验煤质数据，需要进行采样作业。在人工采样环节中，如图 3-4 所示，易受到样品粒度、人员素质、工具规格、环境位置等因素所带来的局限，造成煤样代表性差。如今，大多数火电企业投用了入场煤机械采样设备，但由于维护量大，水分、粒度对采样环节影响较大，采样耗用时间较长等因素影响，不少火电企业仍将人工采样作为重要的采样方式。为了解决固定机械采样灵活性差、人工采样煤样代表

图 3-4　人工采样

性差等问题，需要开发机械臂式采样机器人。

2. 燃料制样作业

煤样采集后，需要进行煤样制样工作。针对制样环节，现在大多火力发电厂采用人工操作或全自动制样机。人工进行制样作业周期长，劳动强度大，存在水分和细粉损失，容易发生偏倚，难以保证制样精度。全自动制样机将各个单体设备通过斗提机、胶带输送机等串联，形成一个线性的制样流程，但该技术多采用线性布置，前后设备联系紧密，并有严格的顺序，工艺流程固定，制备的煤样种类、数量固定，导致系统适应范围小，维修不方便。同时，大量的斗提机、胶带机输送环节容易造成煤样的损失、残留、交叉污染、粒度离析等。因此，燃料制样过程迫切需要通过机器人技术，打破制样顺序的限制，提高灵活性和制样效率。

3. 燃料化验作业

在得到煤样后，便是对煤质数据的化验分析工作。针对化验环节，当前国内火力发电厂燃料的化验大多由人工在实验室中进行，尚未实现大规模的自动化运行，而人工化验则难以排除人为因素对化验结果的影响。由于煤质数据对燃料的堆放、掺烧还有最终的实际燃烧效果，都是至关重要的决策依据，化验煤质数据一旦有偏差，会影响实际燃烧效果。例如，硫含量超标将导致环保考核不达标、热值偏低将导致负荷无法达到计划等情况，这些情形对火力发电厂造成的经济损失是巨大的。所以需要相关机器人装备，确保燃料化验工作精准进行，保证火力发电厂运行经济性。

3.1.3 设备维护

对于电力行业而言，设备的检查与维护主要是为了保障发电侧供能及输配电侧用能的安全稳定。发电侧的设备维护主要包含检查、清理、修复三大任务需求，电网输配电侧设备维护主要包含变电站设备维护检修。

3.1.3.1 火电设备维护需求

针对火电行业而言，主要集中在以下需求：

1. 凝汽器清洗

凝汽器的清洗工作是火力发电厂定期维护内容。因为火力发电厂循环水的浓缩带来了生物黏泥和结垢问题，如果对于凝汽器的清洗措施不能及时到位，就会造成凝汽器清洁系数降低，总体传热系数下降，不仅会影响机组热效率，造成煤耗增加，结垢还会造成换热管腐蚀穿孔，影响汽水品质和安全生产。为解决该问题，目前常见方式为人工清洗，但人工清洗工作环境极为恶劣且效果有限。通过在凝汽器清洗中应用清洗机器人，能够降低人员工作量并保证凝汽器设备健康。

2. 粉煤仓清理

对于火力发电厂来说，在存放物料一段时间后，粉煤仓内的物料被压实，板结堆积成块，造成下料口堵塞不畅，影响物料正常下料，不利于企业的正常生产运行，同时也给火力发电厂带来了经济损失，因此有必要对粉煤仓进行定期清理工作。目前采用的清理方式主要是人工清扫，如图 3-5 所示。由于料仓清理为有限空间作业，空气流通不畅，存在缺氧窒息和有毒有害气体中毒等风险；且料仓内粉尘密布，对作业人员裸露的皮肤、眼睛和呼吸系统等器官，都具有一定伤害。更重要的是，因料仓内壁黏结的大量物料存在掉落风险，可能造成作业人员的掩埋窒息，加上高空作业坠落等安全风险，使得人工清扫粉煤仓的危险性极高。粉煤仓清理机器人用于替代人工进入粉煤仓实现清理作业，可以改善人员作业环境，减少意外伤亡事故的发生，具有较大的应用需求。

图 3-5　粉煤仓人工清扫

3. 烟囱防腐检查

在火力发电生产过程中烟囱和脱硫塔是火力发电厂排放烟气的重要设施，它的安全性对于整个火力发电行业也有着至关重要的作用，而影响烟囱和脱硫塔安全性能的主要来源是进入烟囱和脱硫塔内部的烟气对于烟囱和脱硫塔内壁的腐蚀。目前，针对烟囱和脱硫塔内壁腐蚀情况监测一般采用高空作业法，利用吊绳或者升降机从顶端将工作人员送入塔筒内部，然后工作人员从顶端开始逐渐下降对烟囱和脱硫塔内壁进行视频拍摄、测量，从而实现对烟囱内壁腐蚀情况的监测。

火力发电厂的烟囱高度一般都会高于百米，因此在利用高空作业法对烟囱内壁腐蚀情况进行监测时不仅耗时耗力，同时人员存在较大的高空作业安全隐患以及可能会给烟囱内衬造成二次伤害。脱硫塔内壁如果采用人工检测，也同样会带来耗时、效率低及人员作业安全等隐患。

采用无人机等手段可快速满足对于烟囱或脱硫塔内壁腐蚀情况检查的需求。花费较少的时间完成内壁状况的拍摄检查，并自动分析内壁的腐蚀情况，确定内壁腐蚀位置，提供检修指导建议，从安全性上考虑可在很大程度上避免人员的登高作业风险。

4. 储罐防腐

在火力发电厂内，为了延长油罐、水罐、脱硫塔的使用寿命，需要对储罐进行防腐作业。储罐防腐的施工维护工程属于高耸建筑物施工，高度高、难度大，过去大多采用人工喷砂除锈、人工喷涂等方式，如图 3-6 所示。该方式不仅属于高危作业，且环境污染大、成本高、效率低。通过采用机器人进行储罐内外壁的防腐工作，可以降低人工劳动强度和施工过程中的污染和坠落风险。

图 3-6　储罐防腐人工作业

5. 钢结构除锈

电厂内有大量钢结构，在长期使用中容易发生化学和电化学腐蚀，锈蚀了钢材表面，降低了钢结构强度，给电厂带来安全生产隐患。为了保证钢结构的使用寿命，需要定期去除钢结构表面的铁锈，并打磨抛光后涂抹防锈剂加以保护。过去厂内钢结构的打磨除锈工作由人工进行，属于高空风险作业，工作效率低，安全性无法保证，并且费时费力，不能灵活操作。因此，需要应用针对电厂钢结构的除锈机器人，确保除锈效果的同时避免人员出现安全事故。

3.1.3.2　核电设备维护需求

对于核电设备而言，设备维护的工作包含核电设备的检查以及在线修复等，主要包括以下方面：

(1) 核电站运行期间，反应堆控制棒驱动机构由于运行工况较恶劣，并且受高温、高压、高辐照、振动等影响，控制棒驱动机构的上、中、下三条密封焊缝有可能出现裂纹等缺陷，从而导致出现密封泄漏。控制棒驱动机构的密封焊缝泄漏事件在国外核电站时有发生，一旦出现此类故障，必须进行紧急缺陷处理。控制棒驱动机构在反应堆顶盖上部密集分布，其焊缝附近环境辐射较强，三道密封焊缝的返修位置相当苛刻，操作空间狭小，而且对此 Ω 密封焊缝的焊接质量要求很高，对焊接设备的运行精度、稳定性、焊接工艺要求极为严格，靠人工维修难度很大。目前，国际上针对这类缺陷的应急处理方案是整体更换有缺陷的控制棒驱动机构或对缺陷部位进行自动焊接堆焊修复，无论应用哪种技术，都需要使用半自动化的特殊打磨、切割以及焊接机器人。在出现此类故障时往往需要进行紧急修复，实施费用高昂，且耽误大修关键路径时间，一个百万千瓦的核电机组，若耽误一天的关键路径检修时间将造成较大的发电损失，因此，这些核心设备一旦出现缺陷故障，如果不及时处理将对核电站业主造成重大经济损失。

(2) 反应堆冷却剂管道是一回路边界的组成部分，起着包容放射性物质的作用。与压力容器相连的这些管道长期处在高温高压流体下，运行多年后，会因为磨损和应力腐蚀，造成局部管道变薄或潜在缺陷。如果不及时发现和修复，会对电厂造成重大经济损失。目前一般做法是更换管道或者对缺陷管道进行补焊处理，但是由于管道布置错综复杂，通道狭窄，工作空间小，维修工期较长，人工维修可靠性也较差。通过小型自动焊接机器人，可以较好地完成压力容器相连管道的在线修复、应急处理。

3.1.3.3　光伏发电设备维护需求

对于光伏发电而言，设备的维护最主要是光伏板性能检测及光伏板清洗等工作存在需求。

1. 光伏板紫外性能检测

由于晶体硅材料的自身特性，晶体硅光伏电池组件在户外运行中存在多样化的故障表现。其中，电势诱导衰减（Potential Induced Degradation，PID）现象是导致组件功率衰减乃至失效的重要故障形式。PID 现象的产生，与晶体硅电池片表面的导电性、酸性、碱性以及带有离子的物体污染有关，而这些带导电性离子的污染物质主要是通过环境中水汽逐渐侵入组件内部，最终导致电池片功率衰减，而环境中水汽侵入组件内部的过程多由组件背板开始。

晶体硅光伏组件背板以有机材料为主，由于有机材料的物质结构上存在孔隙，导致在潮湿条件下，水汽会不断侵入组件内部。另外，有机材料易受侵蚀而老化，失去保护组件内部结构的能力，导致组件功率衰减。

当前，国内不少光伏电站均出现了组件 PID 现象、背板水解破坏、起包开裂等故障或质量问题。因此，可开发针对光伏组件背板材料检测技术的相关智能机器人产品，实现针对光伏板组件的故障检测，预防与减少此类组件故障与质量问题的发生。

2. 光伏板清洗

灰尘是影响光伏电池组件能量转换效率的关键因素之一，天气干燥，风沙较大，空气中的浮尘含量较多，增加了光伏组件的表面落尘量。此外，降雨量较少的地区，组件通过雨水的自清洁能力较差，导致光伏组件表面的灰尘落尘量相对较大。现阶段以人工清理作为当前光伏灰尘清洁的最主要方式，针对大型的光伏阵列或者光伏电站，人工清理所带来的人力劳动成本和水资源消耗却是一种负担，因此利用清洁机器人，有效、经济地清扫光伏组件的积灰，对于提高光伏产业的经济效益至关重要。

现有的光伏清洗装置大型笨重，清洗过程中造成大量的水资源以及人力物力的浪费，无法满足清洗的节约与设备的灵活性需求，对于光伏清洗工作自动化而言，用小型的易操作智能清扫机器人清洗光伏板代替繁琐的人力，如图 3-7 所示，是光伏设备清洗的主要发展方向。

3.1.3.4　电网输配电设备维护需求

针对电网地面输配电设备的维护需求，主要集中在实现电压转变、电能分配和控制电流走向的成套设备。其中高压部分具体包含变压器、隔离开关、接地开关、断路器、电流/电压互感器、开关柜等，低压部分包含低压开关柜、配电盘、控制箱、开关箱等设备。

电力系统中高、低压输配电设备的典型常见故障主要包含变压器故障、高压断路器

图 3-7　光伏智能清扫机器人

故障、低压电容补偿器故障等，相应产生以下的设备维护需求。

1. 变压器设备的维护需求

变压器故障类型多样、性质不一，往往是电力系统电网输配电运行人员的关注重点。变压器的短路故障、渗漏故障、高压过载、油温过热等问题都是巡检过程中需要尽快解决的维护项目。一般来说，传统维护形式上通过采用“望、闻、听”等手段来及时发现和定位电力变压器设备的维护重点内容。

通过“望”观察和检测设备的温度，例如，油层温度通常应该在 85～95℃的区间中，倘若设备出现故障有可能致使油层温度出现不同程度的上升，通过红外线测温等手段可以检查大部分电力变压器设备的温升。

通过“闻”的方式可在维护工作中及时了解到因变压器放电产生的氧化氯、臭氧等气体，这些气体对于变压器绝缘腐蚀影响巨大，可引发热击穿。

通过“听”的方式可以了解变压器设备的异常啸叫等情况，如果变压器出现“嗡嗡”等沉重声响一般表示变压器可能处于超负荷运行状态，“嗞嗞”等刺耳噪声意味着变压器可能处于高压运行状态。

要维护变压器设备运行稳定，需要运行人员采取多种方式和手段，并借助检测仪器等工具才能很好发现问题，维护其良好运行。

2. 高压断路器的维护需求

高压断路器主要对电力系统提供控制和保护的功能，由绝缘部分、开断部分、传动部分等构成。由于高压断路器在固定密封处的衬垫老化、漏装弹簧、表面伤痕等问题，容易致使断路器出现渗漏机油等维护问题。同时，断路器中的电磁动作机构也有可能因为开关触点不良或合闸铁芯不启动等故障，出现回路断线或熔丝熔断、绕圈烧坏、铁芯卡死等问题。在维护工作中，需要电力运行人员除了要定期做好清洁润滑等常规工作外，还要测量相关断路器的绝缘电阻，使之在 10MΩ 以上，目视判别接头等部位有无过热灼伤等现象。

3. 低压电容补偿器的维护需求

低压电容补偿器在内部聚丙烯塑料高温热老化出现击穿短路后，发生了俗称“鼓肚”

现象，这是一种电力运行人员在维护中需要重点关切的故障类型，往往这类故障容易导致低压补偿电容器起火爆炸。

在针对低压电容补偿器等设备进行维护时，主要检查电容补偿器的外观结构，部分老式电容补偿器是否有燃油喷射或外形损坏的现象，一旦出现了这类现象，就要考虑予以更换相应的电容器外壳等操作，并进一步检查电容补偿器的熔断装置运行状态是否正常，对连接器、紧固件和锁紧螺栓等进行固定和校准，确保熔断装置在到达一定温度后可断开线路，保护整体电路。

3.1.4　安全应急

对于核电生产而言，如何避免核电机组出现重特大事故是保证核电有序稳定生产的必要前提。适用于安全应急领域的智能机器人产品也是为了更好地满足相应核电安全运行需求。其中一种典型的安全应急机器人需求为核电站在严重事故下的救援机器人，主要分为以下三类：

第一类是强辐射环境侦测机器人。如核事故后用于环境侦测的地面爬行机器人、低空旋翼机器人，这类机器人需搭载多种传感器，能快速、准确测量核事故环境下的辐射剂量率、温度、压力、氧气浓度、有害气体浓度等关键参数，为制定事故处理对策和措施提供依据。

第二类是应急通道路障清除机器人。这类机器人一般具有较强的驱动能力、较完备的末端执行机构和目标自动识别功能。核事故后的路障清除机器人除必须具备普通路障清除机器人的特征外，还必须具备一些独有的特点，如高辐射污染源清除技术、高辐射环境末端执行机构的控制技术及结构优化、高负荷搭载技术等。这类机器人能够自主对应急通道上的杂物进行清除，为应急人员或其他维修机器人提供应急通道。

第三类是严重事故现场应急操作及维修机器人。如图 3-8 所示，针对不同的核事故

图 3-8　核电站四足救灾机器人

状态和不同的设备损伤状况，需要功能、结构各不相同的现场应急操作及维修机器人，这类机器人种类繁多，可分别完成一些特定的任务，同时都具有一些共同特征，包括高辐射环境下驱动机构和执行机构的适应、复杂环境下的搜索路径规划、末端执行机构的精确定位、水下仿生、水下动静密封、实时视频传输、机器人防辐射污染和狭小空间自适应等。

3.2 高空任务需求

针对危险、复杂、存在带电操作的高空巡检、专业检测和维护任务，智能机器人可满足电力行业在高空巡检、设备检测、高空维护 3 个方面的任务需求。

3.2.1 高空巡检

电力行业的高空巡检智能机器人主要应用于高空电网电缆、风电机组、光伏场站等巡检场景。随着无人机技术以及其他高空攀爬机器人技术的不断发展，高空巡检机器人也是近年来比较热门的发展方向，它能够避免人员登高作业安全风险，具备高空设备健康检查、缺陷评估等相应能力。

1. 电网高空巡检任务需求

对于电网侧，需要高空巡检的主要设备设施包括高压电线以及各类线塔等，电网输配电线路安全稳定性对于经济社会非常重要，架空输配电线路复杂且分布广，其安全性更是被高度关注。电力从电厂到用户（工厂、民宅）途中要经历升压变电站、高压输电线路、降压变电站、低压配电线路四重阶段，大部分都长期暴露在大自然中运行，不仅要经受正常机械载荷和电力负荷的作用，而且还要受到各方面外来因素的干扰和大自然千变万化的影响。这些因素将会促使线路上各元件老化、疲劳、氧化和腐蚀，如不及时发现和消除，就会由量变到质变，发展成为各种故障。大自然中的大气污染、雷击、强风、洪水冲刷、滑坡沉陷、地震、鸟害和外力等对输配电线路的破坏，如不及早预防和采取措施，也会造成各种线路故障。

以南方电网为例，近几年来 110kV 及以上输电线路资产规模迅速增长，年均增长率达到 9.6%，资产总值超过 2000 亿元，约占全网资产总值的 29%。全网架空输电线路东西跨度 2000km，海拔跨度 4300m，其中 80%以上线路位于远离城镇、远离交通干线、人烟稀少的崇山峻岭地区，且需要特巡特维的线路占全部线路比重达 20%，输电线路巡检难度大、质量要求高。

然而，电网现有输电线路巡检人员的年均增长率不足 3%，且传统人工巡检模式巡检效果不一、人工成本高、工作效率低等方面问题突出，已不能满足电网巡检的新要求。

在传统的巡检方式中存在诸多的安全隐患（如图 3-9 所示），人员到位及漏检情况在某些难以巡检的区域出现较多，无从考察工作人员是否对每根杆塔、每个设备、每个项目进行检查，且可能存在记录不规范的现象。由于巡检项目内容繁杂，巡检人员易受到自身主观知识经验所限，无法对一些巡检项目内容做出全面记录，而且对于有的问题项目的记录费时繁琐，在纸笔记录的同时还需要辅以做图标识，尤其对于 10kV 以上的线路，原则上每个电杆项目需要一一记录，量多费时。且在采用传统人工巡检的情况下，多数线路无法得到有效检查，人工巡检的覆盖率很难达到 100%，虽然可以采用事故维修和定期维修的方式进行弥补，但往往费时费力，且无法对安全隐患进行及时预防。

图 3-9　电网巡检人员登高攀爬输电线缆

对于在每次巡检以后产生的数据，需要进行相应的收集、处理、分析，工作量大且所形成的纸本资料繁多，遗失风险较大。很难对工作人员的工作定性定量进行评估，且其所记录的相关巡检数据无法做到和当时的电网和附属设施运行状况、参数等历史运行数据相联系，进而有效地利用数据，对设备的缺陷分析、设备选型无法实施辅助性决策，指导后期的有效维护和长期检修。

应用智能机器人可解决电网架空输电线路的巡检问题，大大降低了对于长距离电网架空输电线路的巡检难度，如图 3-10 所示，可运用无人机巡检等手段实现对于空间长距离的快速到达与视觉检测。同时，智能机器人由于其标准化的采集以及工作路径、作业模式等的统一规划，相比于人工巡检数据样本的标准性程度较高，能够形成统一形式的记录，从而为后面定量评估提供先决条件。巡检过程产生的大规模、规范化、批量化巡检数据，可以与电网及附属设备的后台运行数据相对照，从而为综合的运维决策提供依据。

图 3-10　无人机对电网输电线路进行巡检

2. 光伏场站高空巡检任务需求

对于光伏领域而言，高空巡检类智能机器人主要应用无人机巡检光伏板的健康状况，通过可见光相机、红外相机可以获得光伏板组件的热斑缺陷，从而评估组件的健康度。

由于光伏电站长期暴露在空气中，受环境的影响较大，光伏组件上会出现表面积灰，影响光线的透射率，进而影响到组件表面所接受的辐射量；组件也会因为其中某个部位被树叶或者其他不透明物品遮挡，导致产生局部热斑效应，进而导致整个系统的发电效率降低；热斑位置无法用肉眼识别，给运维带来困难。光伏电站后期运维可能长达 25 年之久，运维的成本、安全、效率越来越受重视。

随着光伏电站安装量的大幅增加，人工巡检光伏场站耗时耗力，采用无人机等智能巡检机器人，可大幅提高光伏场站的巡检效率、一致性和准确度，如图 3-11 所示。

图 3-11　基于光伏电站的无人机全自动巡检系统示意图

3.2.2　设备检测

针对高空设备检测等相关问题，过去主要由相关作业人员通过吊篮、脚手架等高空辅助工程设施完成。采用智能机器人技术完成对于高空设备的检测过程，可以有效地避免相关检修人员登高作业的风险。

1. 火电领域高空设备专业检测需求

在火力发电厂，燃煤机组三大主设备中，锅炉故障引起的非计划停运占非计划停运总时间的 52%，其中炉内四管引起的非计划停运占 79%，而炉内四管（水冷壁、再热器、过热器、省煤器）事故主要是水冷壁事故。锅炉水冷壁的传统检测工作主要面临以下问题：

（1）炉膛内环境恶劣、粉尘严重，作业存在高空作业风险和职业健康风险；

（2）水冷壁面积大、结构复杂，传统检测方式容易漏检，产生检测盲区；

（3）检测作业依赖人员专业水平，结果一致性不高，不利于相互对比和长期跟踪；

（4）需花费较多时间搭建和拆除检测作业平台，检测前后准备工作耗时长、费用高、检测效率不高。

通过智能检测机器人可改善传统水冷壁检测的上述问题，提升设备安全性。

2. 水电领域高空设备专业检测需求

对于水电领域而言，控制闸门启闭的液压启闭机是检修的重点区域。尤其启闭机活塞杆的长年锈蚀问题，若不开展有效的检修，可能导致高压油泄漏，损毁启闭机，进而影响机组安全。

过去传统方式下，水电站普遍对启闭机活塞杆采用定期人工检测的方法来保障正常运行，但人工搭建脚手架进行检修的方式普遍工期较长，往往需要耗费一个月时间，而且人工检测成本高，安全风险也大。

通过应用水电站液压启闭机活塞杆检测机器人，能够在免搭设脚手架的前提下，快速完成针对活塞杆的高空检测需求。

3. 风电领域高空设备专业检测需求

由于风力发电机整体设备一般在上百米的高空中。因此对于叶片等设备部件的缺陷检测，需要研发出一类典型的高空爬壁检测机器人。

风电机组除塔筒结构外，便是风电机组叶片在整台风电机组的结构以及重量中占比较大，叶片制造原材料成本占比达 76.7%。大型风电机组叶片大多采用纤维增强复合材料制造，叶片主体使用玻璃纤维增强复合材料，叶片的梁使用碳纤维增强复合材料，灌注时使用的基体材料大多选择环氧树脂，叶片的夹心材料通常选用巴沙木。风电机组叶片在运行一段时间后，会出现胶衣磨损脱落、砂眼、裂纹等缺陷状况。

图 3-12 所示为风电机组叶片表面雷击孔以及蒙皮开裂的情形。

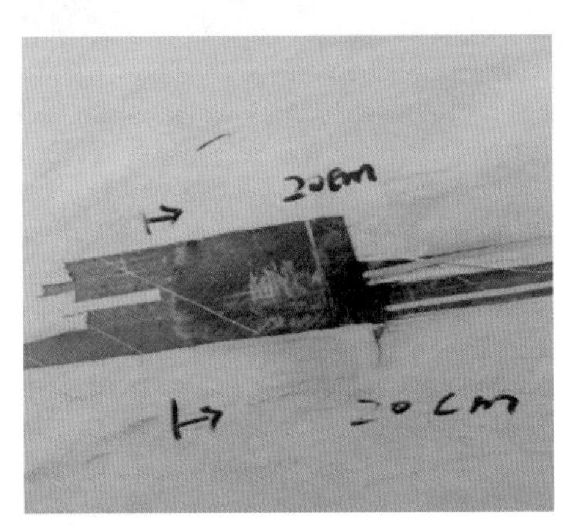

图 3-12　风电机组叶片表面雷击孔以及蒙皮开裂的情形

在风电机组主流产品逐步朝着高功率密度、长叶片设计的背景下，未来风电机组叶片在尺寸结构增大后对应的故障率及表面维护工程量将会上升，沿用人工定期摸排保养维护的策略手段，将致使风电机组维护成本高、效率低，并带来较大隐患风险。

使用风电机组专业检测无人机实现自由接近风电机组叶片，利用其搭载的高清摄像头可以从高处检测风电机组叶片的缺陷状况（锈蚀、裂纹、叶尖排水孔积水程度），及时将结果反馈给维护检修人员指导保养维护作业。在确定了叶片缺陷位置后，可通过叶片修复爬壁机器人对指定位置的锈蚀、裂纹、磨损等缺陷进行相应处理。

3.2.3 高空维护

为了提高电力行业设备可靠性，电网中的电缆、线塔等需要在一些特殊的情况下进行维护、设备更换，而针对风电领域，高空中的塔筒维护以及机舱维护同样关乎着风电设备的可靠性。

1. 电网设备高空维护需求

对于电网设备以及线缆、塔架等，目前使用智能机器人进行高空维护的工作，主要集中在两个方面，其一是冬季高空线缆的结冰除冰，其二是带电作业更换维护。

我国南方部分地区频繁发生雨雪冰冻灾害，导致输电线表面结冰、重力增大，高压输电线路大面积受损。而除冰工作要由人工进行，不仅工作量大、效率低，而且十分危险，如图 3-13 所示。一旦高空输电线路无法正常工作，将影响城乡交通、电力、通信等基础设施。

图 3-13 雨雪冰冻气候下工人为架空线路进行除冰

将智能机器人技术应用于电网除冰作业中，可以解决架空地线无法直流融冰和人工融冰的问题，有效避免因架空地线覆冰导致的线路事故，增加了工作人员作业的安全系数。除冰机器人兼具除冰和巡线两种功能，作为一种低成本、高效率且安全性高、不影响电网运行的新型装置，具有较广阔的应用前景。

智能机器人还可应用于配电网的高空带电作业。高压线路带电作业是在高压电气设备上进行不停电检修、部件更换或测试的作业，是提高供电可靠性、达到不间断供电的最重要手段之一，其经济效益和社会效益都很显著，因此受到行业高度重视和关注。

配电网络是直接面向用户的电力基础设施。我国的配电网采用 10kV 三相供电方式，目前多数采用架空线路输电，安装柱上变压器供电给低压（380/220V）用户。由于配电网络绝缘水平较低、中性点不接地运行、杆上设备较多，在大气过电压或污秽、环境等外界因素作用下易于发生故障，且由于部分地区供电设施陈旧老化、设备完好率较低，使得事故隐患增多。为了提高配电网运行的安全、可靠、经济性，就必须大力开展配电网的带电抢修和维护作业，如图 3-14 所示。

图 3-14　电网人员进行配电网带电抢修作业

根据国内外带电作业的发展来看，配电系统的带电作业技术发展可以分为四个阶段：

（1）绝缘防护技术阶段。在这一阶段里，操作工人通过戴绝缘手套，穿绝缘服、绝缘鞋直接对带电设备进行带电作业。由于这种作业方式危险性较大，有的国家已不再采用。

（2）绝缘工具技术阶段。操作人员通过绝缘工具间接进行带电作业，如利用环氧树脂玻璃布管做成的绝缘工具进行带电作业。这种作业方式需要操作人员具有很熟练的操作技巧，并且属于高空作业，因此劳动强度大、危险性高。

（3）绝缘斗臂车技术阶段。操作人员借助绝缘斗臂车进行带电作业，与上述两个阶段相比，作业方式有了较大的进步，减轻了工人登高的劳动强度，增大了绝缘防护力度。

（4）机器人技术阶段。与前三个阶段相比，利用机器人辅助或代替人进行带电作业，不仅保证了操作人员的人身安全，而且降低了劳动强度，提高劳动效率和操作的规范性，还可以做到全天候带电作业，如图 3-15 所示。

图 3-15　配电网带电作业机器人进行剪线接线等操作

2. 风电机组高空维护需求

对于高空风电机组塔筒维护而言，塔筒的防腐以及相应的缺陷检测可以利用高空爬壁智能机器人实现。

风电塔筒在风电机组中主要起支撑作用，用于承载风电机组主机舱、叶片等大型部件，同时吸收机组振动。塔筒重量占风电机组总重量的1/2左右，其成本占风电机组制造成本的15%左右。由此可见，塔筒在风电机组设计、制造、运维过程中的重要性。

对于风电机组塔筒的检修、维护需求而言，主要关注清理锈蚀和喷漆两个方面。风电机组塔筒的锈蚀原因和常见的喷漆工艺如下：

(1) 风电机组塔筒的锈蚀原因。

风电机组塔筒产生锈蚀的原因，主要有以下六个方面：

1) 因涂层使用寿命超限产生的旧涂层粉化、脱落、起泡、松动等；

2) 原始施工时表面处理不彻底或没有进行表面处理的情况下进行了油漆施工而造成的涂层脱落、松动，致使污物潮湿空气浸透至底材；

3) 涂装施工过程中施工时没有得到很好的控制，使漆膜厚度不均匀出现大面积底漆膜脱落现象，没有起到很好的防腐效果；

4) 设计防腐配套系统失败所造成的涂层过早失效；

5) 风电机组环境恶劣，因自然灾害（特大风沙等）或天气侵蚀等使得涂层损伤；

6) 运输、吊装过程中没有得到很好的保护造成涂层损伤。

(2) 风电机组塔筒的喷漆工艺。风电机组为了防腐，往往在出厂以及后续检修中需要经过从内壁到外壁3道油漆工艺（底漆、中间漆、面漆），通过3层油漆工艺的保障确保风电机组塔筒、叶片等的底材具有良好的抗侵蚀作用。

同时，为了保障风电机组的正常运行，风电企业需要定期对塔筒进行检修和维护。传统人工作业方式下检修、维护塔筒，一般先使用打磨的方式去除表面锈蚀再施加相应的油漆防腐工艺。局部锈蚀部位的表面处理，采用喷射的方法完全去除锈蚀部位被氧化的锈蚀层和旧涂层，露出金属母材达到S2.5级，被处理部位边缘采用动力砂轮打磨形成有梯度的过渡层，以便进行油漆施工后有一个平滑光顺的表面。以上传统人工作业方式不仅工期漫长，对工作人员技术要求较高，且长期高空作业存在安全隐患。

而风电机组塔筒机器人采用喷射的方法，与传统的手工打磨相比，能够完全彻底地去除被氧化的锈蚀层和旧涂层，并可以形成良好的锚链型粗糙纹，有利于与底漆形成良好的结合力；喷射处理后按原始配套方案手刷（滚涂）底漆，达到规定的漆膜厚度。

除风电机组塔筒需要智能高空爬壁防腐机器人外，海上风电机组也有自动消防的需求。对于风电机组而言，若因风电机组零部件安装不当或齿轮箱润滑油系统维护不当造成漏油、少油等情况发生时，极大程度上会对风电机组内部齿轮箱增速器产生劣化影响，从而使得齿轮磨损加大，油温升高，润滑油黏度下降。结合恶劣的环境以及雷击等复杂天气工况的因素影响，风电机组的火灾发生概率会大大提高，造成严重事故，如图3-16所示。

风电机组的火灾具有可燃物品种类众多、火源点密集、着火空间狭窄等特点，且风电机组一般分布偏远，如无专人看护，往往专业消防人员在获知火情后需要花费较长时间才能到达起火地点附近，耽误了这类风电机组设备的最佳灭火时机。一旦发生火情，

图 3-16　雷击事故导致的风电机组润滑油引燃火灾

这类位置偏远的陆上/海上风电机组火势容易扩大，致使整机损毁。

由此，有必要引入自动消防的机器人/无人机参与风电机组的消防维护，对于风电机组这种机电一体化装置而言，一般使用干粉或者气凝胶等灭火手段。相比于水，干粉以及气凝胶具有质量轻、密度低等特点，更适合机器人或无人机拖拽灭火管进行高空喷洒灭火，或者配备专用灭火弹在高空投放至风电机组中。

针对海上/陆上风电机组的自动消防场景，可以与风电机组内部各项温度测点、火灾报警器等联动触发自动消防机器人或无人机进行自动消防作业。通过先进的视觉识别算法以及融合传感器，识别火源大小以及焰心温度，通过控制器既定程序自主变换位姿完成灭火。采用自动消防机器人/无人机可以极大地缓解在陆上和海上风电灭火过程中，消防人员无法及时登高灭火的困难，同时还以一种自动化的手段完成了整个扑火过程。

3.3　地（水）下任务需求

针对地（水）下任务，智能机器人主要满足人们在地下巡检、水下巡检、水下作业三个方面的任务需求。

3.3.1　地下巡检

电力管廊是指专门敷设电力管线的地下廊道设施，同时还有将电力、燃气、供热、给排水等各种工程管线集于一体的地下城市综合管廊，核心作用是利用地下空间建造一个集约化的隧道完成供电、供气、给排水等作用。电力管廊作为地下管廊的典型工程，短则几公里，长则数十公里，对于电力巡检人员而言要实时掌握长距离地下工程的运行情况，任务繁重，难度不小。引入机器人技术对包括电力管廊在内的地下综合管廊进行动态巡检与在线监测，对管廊内的电力管线设施进行表面外观与实时发热情况分析，并对其他管线缺损，如燃气泄漏、水管破损等进行综合监测与分析诊断，具有更为现实的应用意义。

电力管廊巡检需要工作人员对管线、接头的发热进行全方位的探测，同时对于支架等结构件的腐蚀、缺损、裂纹、移位、变形等巡检项也需要重点关注。为避免人员进入地下密闭空间进行长距离巡检产生的风险，利用电力管廊巡检机器人搭载的高清摄像头以及红外测温仪，可实现对上述巡检内容的检测。然而，电力管廊等地下综合管廊往往存在复杂工况长距离移动、密闭空间内部定位等场景难题，电力管廊巡检机器人等地下应用机器人需具有完善的供能系统和通信定位手段，保证在受困等条件下可以实现自主脱困返航。针对管廊中的防火门等设施，电力管廊巡检机器人还需要联动开闭。除此以外，对于电力管廊巡检机器人而言，有时还需要搭载机械手、有害可燃气体检测元件等专用工具或外部传感器，实现对各种隐蔽空间、易燃、易爆等高危场所进行实时影像检测、分析处理。

应用电力管廊巡检机器人等地下巡检机器人，可以有效地保障巡检人员的安全性，同时利用先进的采集技术以及数据处理技术形成有效的管廊巡检档案，助力地下电力工程以及城市地下综合管廊实现巡检数字化、智能化发展。

3.3.2 水下巡检

水电站通过大坝蓄水后形成的水势落差势能，转化为动能后冲转水轮机发电。对于水电站巡检而言，除了常规的水轮发电机组、调速器、配电房、GIS 室等厂区日常巡检设备以外，针对水电站不易人工巡检的地（水）下建筑工程、管道、设备，这些也是水电站的巡检需求项目，其中就包含了水电站坝体、水库、风洞、闸门以及水下管道等的巡检。

水电站闸门作为长期与水接触的设备，水下部分人工检测困难，巡检维护中也需要针对闸门的裂纹、腐蚀、位移、封堵等情况进行重点关注，这些部位包含闸门的门叶、门槽、水封等结构。同时对于闸门系统的控制部分也需要重点关注，除了液压系统的油位、管路等情况，还需要对控制闸门开闭的液压启闭机装置进行重点巡检，液压启闭机用于给水电站闸门的开启闭合提供动力，对尺寸精度、表面粗糙度都要求极高，否则就会造成闸门开闭过程抖动、开闭不严实，甚至更严重的后果，因此在检修或维护过程中需要检测活塞杆外圆表面是否存在划痕、裂纹等情况。对于大型水电站的闸门液压启闭机而言，其液压油缸活塞杆即使在收缩状态下也长约十数米，高程差带来了人工巡检困难，图 3-17 所示为白鹤滩水电站闸门液压启闭机油缸吊装现场，在这种需求下应用相应的智能机器人设备可替代人工进行相应的巡检检测。

同时，水电站因其必须毗邻江河湖海的地形因素，需设置众多的水下管道，这些水下管道长期敷设于水下甚至水底土层中，因而检查和维修较困难。水下管道检修包括管道泄漏检查和管道防腐检查等方面，对这些管道的传统检修办法是派遣潜水员进行水下作业，如图 3-18 所示。传统水下作业检修的方法，风险高，任务重，人工成本和潜水设

图 3-17　白鹤滩水电站闸门液压启闭机油缸吊装现场

备都是无法回避的支出。从生产安全角度考虑，需尽量避免人工作业，因此，产生了针对水下管道机器人自动化巡检的需求。

图 3-18　传统模式下潜水员对水下管道进行巡检维护

除了针对水电站管道、设备等的巡检内容，对于坝体、水库等水下或水面建筑工程的巡检等领域，也可以应用智能机器人技术，从而大大提高巡检效率。水坝是水电站的核心组成部分，坝体作为整个水电站的基础建筑结构，起到了拦截水流的作用，也是承压主体建筑。传统的大坝安全监测是通过仪器观测和巡视检查对水利水电工程主体结构、地基基础、两岸边坡、相关设施以及周围环境所作的测量及观察。既包括对建筑物固定测点按一定频次进行的仪器观测，也包括对建筑物外表及内部大范围对象的定期或不定期的直观检查和仪器探查。

对于坝体检测而言，通过人工携带仪器检测或采用检测坝体渗漏、位移运动的传感器可获知水电站大坝是否运行正常。然而由于坝体属于在长期水力作用下的基础设施，隐藏在水下部分的结构裂纹、冲坑、淤积以及部分金属结构的锈蚀、变形，属于较难通过传感器监测或人工仪器检测的缺陷项。传统采用蛙人下潜检测大坝水下缺陷又受到下潜深度以及时间的限制，导致检测作业的范围有限，同时水下的复杂环境也给检测带来一定困难以及人员作业安全风险。对于水电站及其他发挥蓄能调峰作用的抽水电站来说，采用具备位移传感、多波束高精度声呐测绘的水下机器人检测技术有助于解决大坝水下检测的难题。

3.3.3 水下作业

水下作业领域的智能机器人技术，集中在核电、水电以及海上风电机组等维护检修领域中。由于核电站燃料池中放射性元素对人体的危害，一般在一回路核设施中采用水下智能机器人检修是必要的安全措施，可大幅降低人员的核事故风险；在水电和海上风电领域中，检修作业员受下潜深度、携带氧气量等实际条件所限，同时还受到风波、洋流、暗涌、不明物缠绕、生物攻击等危险因素干扰，人工水下作业面临着艰难与安全的双重挑战。

对应水下作业的核电检修智能机器人应用需求主要包含以下方面：

1. 核电部件检测和焊接作业

核电站燃料厂房的水池由不锈钢覆面焊接构成，不锈钢覆面在建造初期需要进行液体渗透检查和真空检查后，确保结构的完整性才投入使用。电厂运行，腐蚀现象会对钢覆面板产生破坏，因此必须定期对水池钢覆面进行检测，针对腐蚀较为严重的不锈钢覆板还需要进行修复。同时，意外的高空坠落物体也可能会击穿不锈钢覆面，造成不锈钢覆面漏水，需要紧急修复。国内外的传统做法是通过训练有素的潜水员在防护服的保障下进行水下检测和焊接作业。出于对于人员耐辐照剂量安全水平的考虑，操作人员不能长时间工作，同时由于该区域空间狭小，设备密布，作业人员操作时要格外小心，避免防护穿戴设备破损对于人体所造成的损伤。因此，核电站迫切需要使用专用机器人从事恶劣环境下的水下检测和焊接等工作，如图 3-19 所示。

图 3-19　燃料水池检查机器人

2. 核电水下异物清理打捞

核电站内放射性水池面积较大，在检修期间人员交叉作业的情况较为普遍，检修工程所带来的异物落入水池的事件也不时发生。当异物若落入反应堆底部或堆芯狭窄的环境中，普通的异物打捞工具往往难以解决问题，因而需要整体吊装出所有组件进行彻底检查，这种情况将造成大修关键路径的延迟和重大的经济损失。同时，堆芯组件的吊装往往面临一些不可知风险，一旦操作不当，会对电站内的维修人员造成极大的辐照危害。因此，核电站有必要开发具有多自由度的智能机器人应用于反应堆堆芯组件的水下精准打捞，如图 3-20 所示。

图 3-20　水下异物清理机器人

除核电领域的水下作业任务以外，对于水电领域也有着应用水下机器人检修维护的需求。

针对水电站长距离水下输水管道以及引水工程等场景，可采用水下检修作业机器人进行扫描、摄像等检查，机器人系统通过搭载的多波束三维扫描声呐、二维图像声呐、侧扫声呐等设备装置完成对缺陷和障碍的定位扫描，同时结合多方位摄像头视频验证完成精细影像详查。如图 3-21 所示，“达诺一号”深孔泄水建筑物疏堵与阀门修复水下检

图 3-21　“达诺一号”深孔泄水建筑物疏堵与闸门修复水下检修机器人

修机器人，通过借助机器人前端机械手，可以完成对于管道内障碍物的打捞、缺陷的检测、疏通清淤和其他辅助作业，在一定程度上代替水下潜水员完成相应的水电站水下检修工作。

在风电领域中，随着对于海上风能资源利用的认识逐步加深，海上风电相比较于陆上风电具有更大容量、更高功率的发展前景，目前各国的海上风电研究与发展水平已逐步提升，而海上风电机组漂浮式平台安装等作业任务，尤其是水面下筋腱安装及基础勘测等，也需要应用水下机器人辅助完成作业或进行作业监测指导。

对于水下勘察、安装机器人而言，需要解决实际安装过程中遇到的水体透明度不高（泥沙、腐殖质、浮游生物、海底藻类等）等环境难题，在基础、筋腱的安装过程中，使用水下机器人对桩基连接、筋腱连接进行监控，而在监控过程中，需要保证监控画面的实时性及平稳度。

3.4 本 章 小 结

本章从智能机器人在电力行业中的实际需求出发，根据电力行业中不同空间作业领域进行划分，分为地面类型、高空类型、地（水）下类型三种作业任务的智能机器人技术，详细分析了智能机器人在这些相关场景中的应用需求。根据特种机器人的特点，总结了智能机器人在这三类电力行业作业领域中的要点，以及相关需求时所遇到的问题和采用的关键技术。从解决需求的种类来划分可以大概分为五类：设备巡检、设备检测、设备维护、安全应急以及流程作业。针对这五类需求同样也需要智能机器人具有五类关键技术综合集成，分别是具有面向电力行业的灵活多变的运动控制技术、复杂环境下的本体适应技术、综合环境中的机器人感知技术、高精度定位导航技术以及多机器人信息管控及协同作业技术。

第 4 章 面向电力行业地面作业的智能机器人

4.1 面向电力行业地面作业的智能机器人特点和关键技术

常见的面向电力行业地面作业的智能机器人主要包括轮式、履带式和足腿式的移动机器人；部分近地巡检机器人采用挂轨式；近地维护机器人多采用复合式，通过在移动平台上加装操作臂来达到移动作业的目的，相较于传统固定基座机器人具有更大的作业范围和操作空间。

轮式和履带式的移动机器人由于结构相对简单，技术相对成熟，近年来已在电力行业有较多的应用案例，但这类机器人对地面条件的依赖性较强，越障能力较差，在颠簸道路上易发生震颤和倾覆，严重影响其作业能力，通常需要增加移动平台自重来提高其稳定性，限制了这类机器人的灵活性和续航能力。

足腿式移动机器人相较于轮式和履带式的移动机器人具有更高的环境适应性，能够通过更为复杂的地面环境，具有较高的作业效率和环境交互能力，但由于其关节自由度大，移动控制难度高，目前在电力行业的应用案例较少，但随着控制和机械技术的发展，其应用前景较为广阔。

挂轨式机器人不受限于地面环境，不影响地面人员和设备工作，易于进行后期维护管理，但其现场实施环节较为复杂，移动范围和操作空间受限于轨道，空间灵活性较差，目前在电力行业的应用场景较为固定，主要集中在开关室、配电房和燃料转运系统等。

近年来，面向电力行业地面作业的智能机器人研制主要关注以下几个方面关键技术。

1. 离线驱动控制技术

地面作业机器人的驱动控制多采用液压驱动和电动机驱动。其中，电动机驱动具有控制方便、操作灵活、易于实现关节类运动、噪声较小等优点，是现今地面作业机器人的主流驱动方式。从能源供给角度区分，地面巡检机器人的驱动供能形式主要分为拖缆和离线两种，其中离线驱动机器人运动范围受限较小，但受到电池和机器人质量的限制，目前地面巡检机器人在研制试验过程中主要采用拖缆形式供能。

地面作业机器人由于需要携带操作臂等执行机构，其驱动装置一般设计功率较高，伺服电动机重量较大，严重限制了机器人的有效负载能力。因此，实现地面作业机器人离线驱动控制面临两大关键问题，一是研制能量密度更高的电池动力源；二是研制小型化质量轻的高功率电动机驱动控制单元。

2. 多传感器数据融合技术

在工作环境简单、功能要求单一的应用场景下，机器人仅需采用少量的传感器便能够实现自动导航和简单的功能应用。但是，随着地面作业机器人的工作环境日趋复杂，功能要求逐渐多样化，要求机器人能够通过多种传感器具备更为精确的环境信息感知与人机交互能力，更加出色地完成人们设定的工作任务。

数据融合是数据综合分析处理过程中一种针对多传感器的专业技术，能够大幅提升系统收集和分析处理数据的效率，增强多源信息的可信度和系统的容错能力。在对电力行业智能机器人提出更多功能要求的同时，提高数据融合效能也成为机器人的重点攻关方向。

3. 图像识别与处理技术

图像识别与处理技术是机器人运行、操作和执行巡检任务中的关键，直接影响着机器人运行的稳定性和工作结果的可靠性。目前，图像识别主要有统计模式、结构模式、模糊模式三种识别形式，已经形成了上千种图像识别算法，是人工智能的一个重要领域。

图像识别目前在电力领域主要应用于机器人行进过程中的导航、纠偏，以及对表计、红外图像、故障、异常、人物等的识别。其中部分电力设备处于室外，受到光线和天气环境的影响，拍摄到的图像并不稳定，极大地影响了图像识别的准确性，如何克服环境影响、提高图像识别的准确率，是提高机器人可靠性的一项重要任务。

4. 通信技术

机器人的信息通信分为内部通信和外部通信两部分，内部通信是指机器人本体内部各个软硬件模块接口间的通信，通常采用有线形式；外部通信是指不同机器人之间或机器人与其管理平台间的通信，通常采用有线或无线形式。

随着智能机器人在电力行业作业范围和距离的不断扩大，常用的短距离无线通信技术（如 ZigBee、WiFi、蓝牙、红外等）已不能满足现场的实际应用需求，通信技术方向也逐渐向 GPRS、CMDA、4G、5G 等远距离通信技术发展，但这类网络建设成本较高且易受到网络攻击，因此，研制体积小、安全性高、能量消耗少、建设成本低的机器人远距离通信系统也成为制约机器人应用发展的关键问题之一。

5. 在线监测与系统集成技术

电力行业智能机器人作为一种应用于工业生产的服务型机器人，其工作稳定性对于电力安全生产有重要影响，工作人员需要能够实时地掌握设备的运行状态，及时排除机器人故障，避免事故风险。

目前同一电厂或变电站、输配电线路经常会使用不同厂家生产的电力机器人，各个机器人使用不同的运维和操作系统，给运维和人员的使用造成了不便，急需形成统一的运维和操作管理平台。

4.2 面向电力行业地面作业任务的机器人介绍

电力行业面向地面作业任务的机器人的作业需求以近地巡检和近地维护为主，近地巡检类机器人的作业区域主要包括主辅机设备间、输煤栈桥、开关室、GIS 室、煤场、变电站以及电缆沟等，不同的作业区域对应着不同的巡检需求，机器人需要具备不同功能特点以实现准确、高效巡检作业。近地维护类机器人的作业内容主要包括燃料取样化验、凝汽器清洗、光伏板清洗、核电循环水管道清理、核电地面应急救援以及配电网带电作业等。

4.2.1　近地巡检类作业任务机器人

4.2.1.1　主辅机设备间巡检机器人

主辅机设备间巡检机器人主要用于发电厂汽轮机厂房、锅炉房、泵站、化水车间等的日常巡检，可对场景中的各类表计、设备温度、运行环境进行自主识别分析和记录上传，实现重要辅机设备的运行状态远程监测，提高巡检效率。

主辅机设备间巡检机器人的硬件架构主要包括驱动模块、导航模块、避障模块、通信模块、机器人外壳，以及根据巡检需求定制的巡检采样模块等，主要功能包括可见光图像识别和设备部件温度红外检测等。

1. 可见光图像识别

主辅机设备间巡检机器人通过携带可见光摄像头对主辅机设备间内指定场景进行拍摄，通过拍摄到的视频图像对设备间内的压力表计、流量表计、液位表计、控制柜指示灯状态、油液滴漏等情况进行读数识别和状态分析。

可见光图像识别的主要过程是通过摄像头采集巡检点位的图片样本，对样本进行标定，通过算法模型训练识别图片中的指针位置。为了避免实际巡检过程中因表计小幅度偏移造成的识别错误，可以采用模板匹配的方法，在拍摄到的表计偏移幅度不大时调整识别区域，减小识别误差，其识别处理过程如图 4-1 所示。

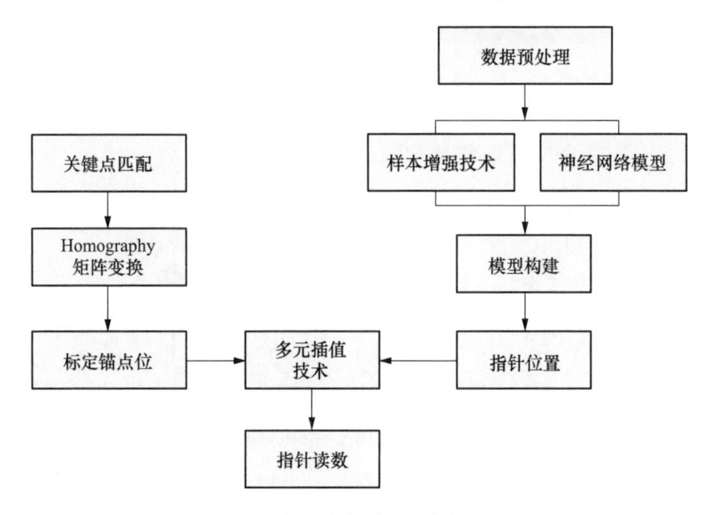

图 4-1　指针式仪表识别处理过程

图 4-2 所示为主辅机设备间巡检机器人对多种指针型表计的识别结果，包括压力表、电压表和流量计。

电力系统中指示灯常见于各种控制柜上，指示灯识别基于指示灯的亮度，采用阈值

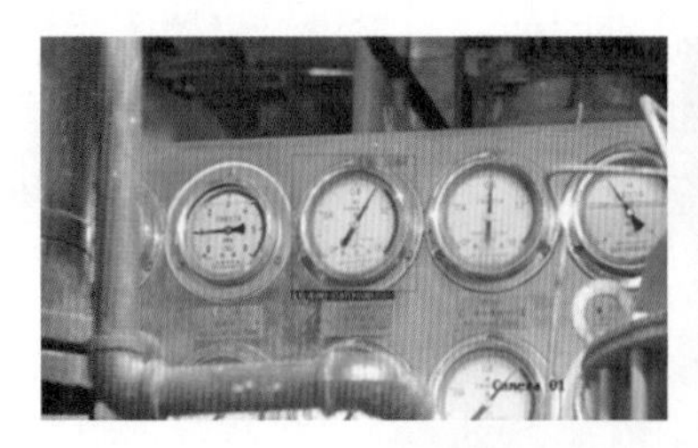

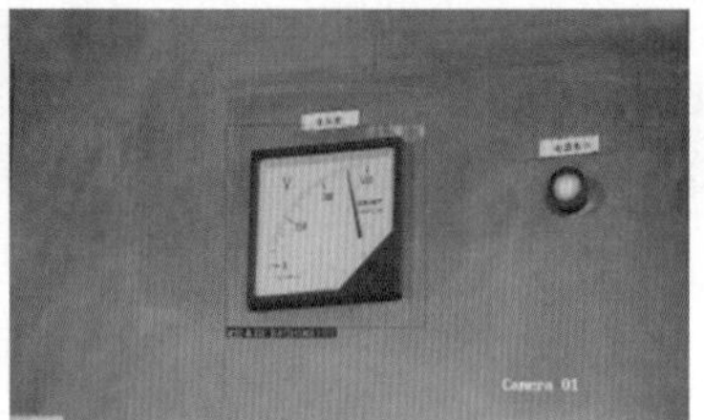

图 4-2　多种指针型表计的识别结果

化方法来判断指示灯亮灭状态，效果如图 4-3 所示。

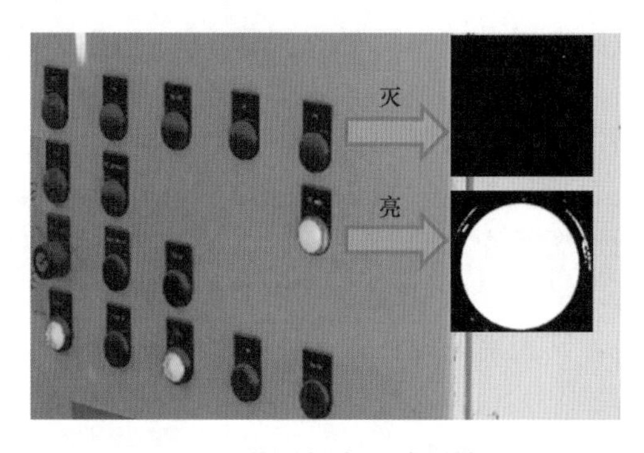

图 4-3　指示灯亮灭检测效果

液位和旋钮的识别方法与指示灯类似，效果如图 4-4 所示。

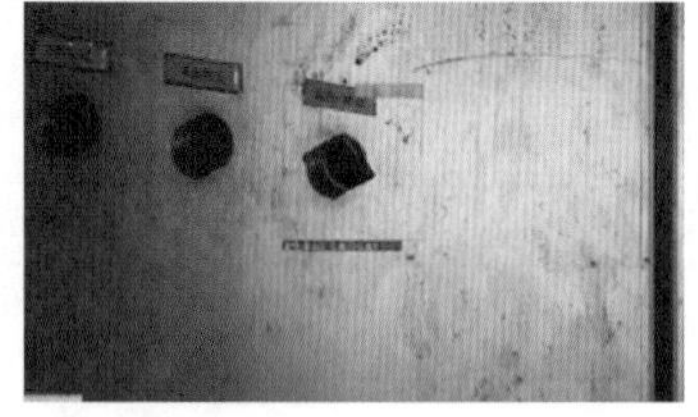

图 4-4　液位和旋钮识别效果

2. 设备部件温度红外检测

巡检机器人需要利用红外摄像仪，获取指定区域的红外图像，结合红外图像智能提取技术，将图像中的像素点识别为对应的温度，即可实现对辅机轴承等设备部件温度的远程检测和管理。基于任务序列控制的红外快巡方法，可以在机器人行进时预先将云台转动至下一巡检点方向，将红外摄像头提前定焦并结合图像模版匹配技术，即可实现红外快速精准多场景测温，机器人红外测温效果如图 4-5 所示。

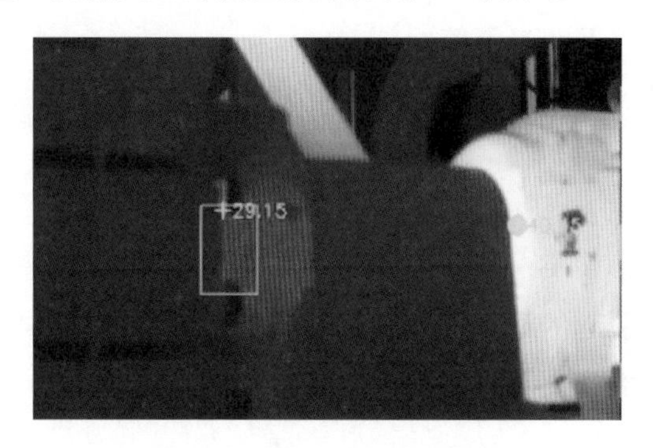

图 4-5　机器人红外测温效果

主辅机设备间巡检机器人的主要技术指标包括机器人本体指标、运行环境指标、运动特性指标、通信指标以及携带的巡检设备指标等。

2021 年 12 月，淮沪电力有限公司田集第二发电厂研制的汽轮机 0m 层轮式巡检机器人正式投入使用，该机器人具备四轴全转向驱动和激光离线导航功能，可实现汽轮机 0m 层全类型十余种表计的智能识别和远距离轴承测温巡检功能。通过应用该巡检机器人，该厂原有 3 班 2 人 12 轮（24 人次）人工巡检可降低至仅需 3 人次复核巡检数据，可降低人员巡检工时 87.5%，大幅减轻了巡检人员工作负担，并能有效减少漏巡、漏报概率，减少设备非计划停运次数，避免相关损失。

4.2.1.2　输煤栈桥巡检机器人

输煤栈桥巡检机器人主要用于监测输煤皮带跑偏、超温等发电厂燃料输送系统常见问题，可实现集输送带系统数据采集、大数据分析、报警为一体的智能化运维，减少因人工监测不及时造成的停机故障，减少物料的堆积泄漏和环境污染。

输煤栈桥巡检机器人主要用于电厂输煤系统无人化巡检，可以实现系统局部发热检测、粉尘检测、皮带跑偏检测等功能，通过与电厂输煤控制系统相关联，可以及时进行皮带停机、备用皮带启动等操作，减少故障损失和对电厂生产的影响。图 4-6 所示为某

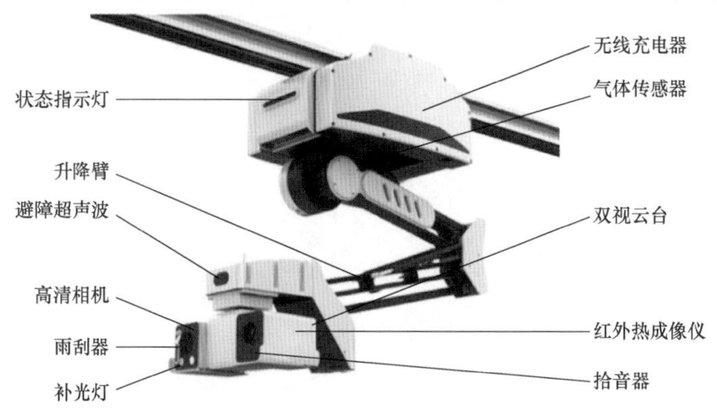

图 4-6　输煤栈桥巡检机器人

种输煤栈桥巡检机器人，其主要部件包括升降臂、气体传感器、双视云台、红外热成像仪、高清相机、拾音器以及补光灯等。

输煤栈桥巡检机器人的主要检测功能包括托辊温度检测、皮带跑偏检测及托辊故障声纹识别。

1. 托辊温度检测

通过机器人的红外摄像头对全区域设备进行整体扫描式温度采集，可监测到由于润滑、老化、摩擦等原因引起的滚筒、托辊超温现象，也能够提早发现自燃煤炭或矿粉，防止温度过高烧损输送设备，及时起到预警作用。

2. 皮带跑偏检测

在输煤系统长时间运行的过程中，皮带跑偏是一种经常发生的故障。传统跑偏监测是在皮带下方安装传感器，当皮带跑偏达到一定程度时触发皮带急停装置，但由于皮带长度较长，传感器有时会发生漏报和误报，造成故障处理不及时，引发设备损坏，影响生产进程，因此，皮带跑偏的及时发现与处理在输煤系统的运维过程中尤为重要。

输煤栈桥巡检机器人通过自带可见光摄像机，能够24h不间断地拍摄整个皮带运行区域，并采用智能识别算法进行识别，当发现皮带有跑偏可能时及时发出警报或触发皮带停机机制，减少有关损失。

3. 托辊故障声纹识别

输煤栈桥巡检机器人通过携带的拾音器，可以在巡检过程中对托辊的声音进行采集，经过滤波降噪和神经网络识别算法，通过声纹比对和模式识别判断托辊的运行状态，及时向运维人员发出警报。

输煤栈桥巡检机器人的技术指标主要包括机器人本体指标、电源参数指标、运动参数指标和通信参数指标。

2020年9月，国家电投集团沁阳电厂研发上线了输煤栈桥轨道式巡检机器人，如图4-7所示，其系统结构包括后台软件系统、轨道系统、供电系统、通信系统、机器人本体

图4-7 沁阳电厂输煤栈桥轨道式巡检机器人

等部分，该巡检机器人可 7×24h 连续运转，实现皮带跑偏、异物入侵、温度异常等的自动巡检，大幅提高巡检效率。

4.2.1.3　开关室巡检机器人

开关室巡检机器人主要用于开关柜指示灯异常检查，电压表、电流表记录及异声排查等，可提高开关室巡检智能化水平，减轻人员劳动强度，避免人员遭受电磁辐射和触电风险。

开关室是发电厂和变电站的常见巡检区域，其中的部分设备长期处于高温度、高电压状态，如遇设备老化、环境受潮等情况，极易对巡检人员的生命安全造成威胁，图 4-8 所示为某电厂开关室内景。

图 4-8　某电厂开关室内景

开关室巡检机器人主要由控制中心、水平运动机构、轨道总成、升降运动机构以及视频、音频设备五大部分组成，采用吊顶轨道设计可以有效避免与人员或地面物品发生碰撞，通过多自由度云台可以大幅提升机器人的巡检覆盖范围。此外，为确保机器人在运行过程中的安全性，机器人搭载了激光避障模块，通过激光传感器实时探测其水平、垂直方向上的障碍物，一旦检测到障碍物，立刻停止运行，待障碍物移走后继续执行巡检任务。

局部放电是由高压力电力设备早期绝缘故障产生，在维修不及时的情况下会不断降低设备中绝缘介质的强度，是使高压设备绝缘损坏的一个重要因素。开关室巡检机器人通过携带高精度接触式局部放电传感器，可以及时发现设备早期局部放电，避免更大安全隐患的产生。常见的局部放电检测方法包括超声波检测法和暂态地电压检测法。

开关室巡检机器人的技术指标主要包括机器人本体指标、搭载设备指标、通信与导航方式指标等，图 4-9 所示为某电厂开关室巡检机器人。

2017 年 6 月，泉漳变电站 220kV 开关室和继保室巡检机器人调试完毕，成为浙江省首台上线的变电站室内巡检机器人，该机器人采用挂轨结构，可以自主完成柜面识别、局部放电检测、红外测温等功能，代替人工实现 24h 不间断安全巡检，且该机器人可实现自主学习，不断提升巡检准确率。

图 4-9　开关室巡检机器人

4.2.1.4　GIS 室巡检机器人

GIS 室巡检机器人主要用于检测气体绝缘变电站（GIS 室）中 SF_6 气体的泄漏，以及各类表计的读取，减少故障隐患，避免 GIS 内部闪络故障的发生。

GIS 室具有设备紧凑性高、占地面积小、运行可靠性高等特点，是地区电力供应链上的关键设备区域。GIS 室因 SF_6 气体泄漏导致的绝缘故障，是导致 GIS 室故障的一种主要缺陷类型，不仅会导致地区供电问题，还对巡检人员的安全造成重大威胁。因此，当前很多电力企业采用 GIS 室巡检机器人代替人工对 GIS 室内的仪表、温度、局部放电进行检测，在无人值守的情况下完成设备的检查、诊断和排除故障工作，图 4-10 所示为 GIS 室巡检机器人的工作情景。

图 4-10　GIS 室巡检机器人的工作情景

GIS 室巡检机器人一般为轮式，硬件架构主要包括驱动模块、导航模块、避障模块、通信模块、机器人外壳，以及根据巡检需求定制的巡检采样模块等。

GIS 室巡检机器人主要具备智能仪表识别、环境监测等功能。

1. 智能仪表识别

GIS 室巡检机器人的仪表识别范围主要包括升压站内避雷器、SF_6 气体压力表、各类仪表、隔离开关、断路器等的数值和分合状态，巡检机器人根据智能仪表识别结果进行预警，发现设备及环境状态异常时，自动产生报警信号，提醒运维人员及时处理异常。

2. 环境监测功能

GIS 室巡检机器人通过携带的温湿度、光感、烟雾等多种传感器，可以实时检测机器人周围的环境状态，当发现环境异常波动时及时向运维人员发出警示，减少相关损失。

2022 年 11 月，宝武集团中南股份演山变电站上线了一台 GIS 室地面轮式巡检机器人，该机器人搭载可见光和红外两个摄像头，可自主规划巡检路径，巡检内容包括识别仪器仪表读数、连接片投退状态和指示灯的指示结果，并对开关柜表面进行测温，当发现设备有异常状态时，可以及时提示运行和点检人员进行二次确认及故障处理，大大提升了设备巡检频率及质量，为供电设备的安全稳定运行保驾护航。

4.2.1.5　煤场盘煤巡检机器人

煤场盘煤巡检机器人主要用于煤场煤堆盘点作业，能够高效、准确地对煤场煤量进行盘点，同时可以协同斗轮机执行挖煤作业以及对煤场环境进行监视，并监测煤场温度，防止火灾发生，避免相关安全事故的发生。

煤场盘煤巡检机器人通常为轨道式机器人，包含轨道系统和机器人本体部分。轨道系统决定了煤场盘煤巡检机器人的运行轨迹，并为机器人供电。机器人本体包含了机器人的驱动控制模块、定位模块、信息交互模块、环境检测模块及传感交互模块，机器人通过携带三维动态激光扫描传感器和可见光传感器实现激光盘煤和对现场环境的实时监视，图 4-11 所示为某电厂煤场盘煤巡检机器人。

图 4-11　某电厂煤场盘煤巡检机器人

煤场盘煤巡检机器人通过激光测距，实现煤堆表面大量位置空间坐标的测量，通过三维立体建模，构建煤堆的三维立体模型，再采用有限元等方式计算煤堆模型的体积，进而根据煤的密度求出煤堆的大致质量，具有误差小、速度快、适用性高等优点。

2020 年 11 月，国电宁夏方家庄发电有限公司研发出了国内首个 S 形轨道智能盘煤机器人系统。该系统采用 S 形轨道设计，可以实现机器人在不同轨道间的共用切换，大幅提高了轨道机器人的巡检范围，提高了机器人的综合利用效率。

4.2.1.6 变电站巡检机器人

变电站巡检机器人主要用于对变压器、互感器、隔离开关等设备本体以及各开关触头、母线连接头等的温度进行测量，对变电站内油位表、温度计、避雷器泄漏电流表等各类表计进行自主识别。减轻巡检人员工作负担，避免漏电触电和电离辐射风险对巡检人员健康的影响。

变电站巡检机器人，通常以轮式机器人为主，主体由红外热成像仪、3D激光雷达、云台、可见光摄像机、指示灯和驱动轮等部件组成，如图4-12所示。变电站巡检机器人的外壳通常采用防静电、防电磁场电涂层，具有较好的防水性能和高效率散热能力，此外，部分变电站巡检机器人搭载了气象传感器，可通过大气压力和空气湿度判断降雨和大风天气，及时结束巡检任务并返回充电房进行躲避。

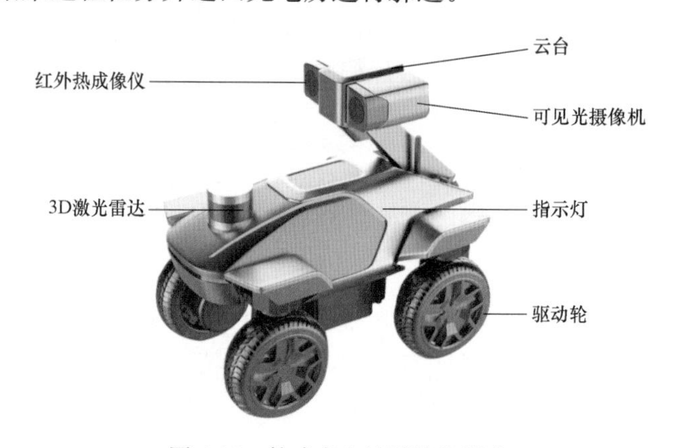

图4-12 轮式变电站巡检机器人

轮式变电站巡检机器人的检测功能主要包括压力、液位表计读数及设备开合状态识别与变电站设备红外成像测温。

1. 压力、液位表计读数及设备开合状态识别

轮式巡检机器人具备对设备、表计等的自主精确定位拍摄以及图像智能识别处理功能；能够自动判断设备运行状态信息。以此提升开关站自动化程度，降低巡检人员工作强度，逐步脱离人工巡检方式。通过图像识别算法，可自动识别各类仪表读数、指示灯状态、开关状态、设备机械位置等信息。

2. 变电站设备红外成像测温

在机器人上配备红外摄像仪，拍摄设备红外图像，结合红外智能提取技术，自主获取设备、环境温度，实现对变电站设备进行分析管理，如图4-13所示。

2022年12月，十堰市220kV龙虎沟变电站上线了一台智能巡检机器人，该机器人具备日常巡检、安全监控、联动数据分析三大功能，能够巡检变电站内的油位、温度、压力等2000多个监测点的关键数据，并主动推送异常信息，提升巡检质量和效率，切实减轻了保电人员的劳动强度。

4.2.1.7 电缆沟巡检机器人

电缆沟巡检机器人主要用于在空间狭小的电缆沟内，检测起火、冒烟或不明原因断

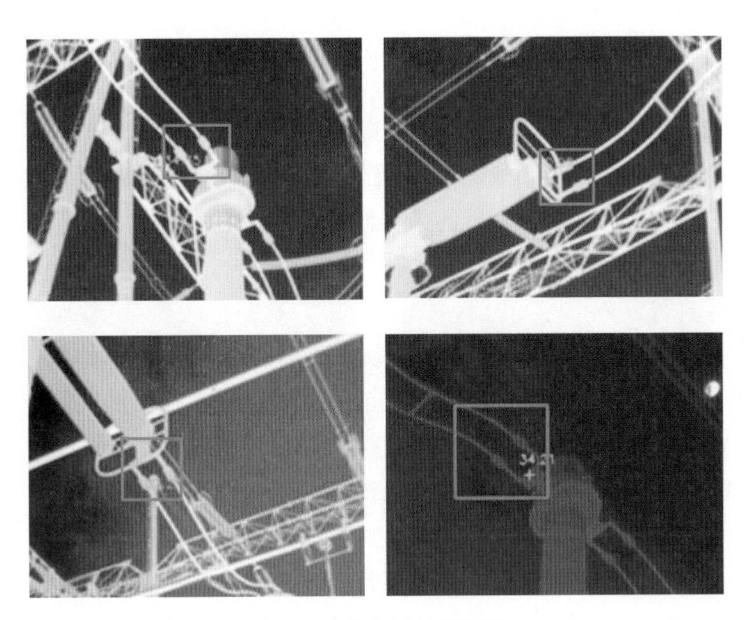

图 4-13　变电站红外测温

电等紧急事件，防止因沟内积水、毒气等淤积物造成的人身伤害。

电缆沟巡检机器人有轮式、足式和挂轨式等多种形态，但轮式、足式的电缆沟巡检机器人易受到地面环境影响而发生故障，因此较新的设计方案多采用挂轨式，通过携带温湿度、气体、可见光、红外等多种传感器设备，帮助人们掌握电缆沟内的环境信息和设备状态，实现电缆沟内的安全巡检。

挂轨式电缆沟巡检机器人的主要结构包括轨道和机器人滑行机构，由导轨进行供电，机器人滑行机构携带多种传感器完成电缆沟内巡检任务。由于电缆沟内空间狭窄、光线较差，电缆沟巡检机器人通常体型较小且需要携带补光设备。

2017 年 12 月，南方电网广西公司发布了一款自主研发的电缆沟巡检机器人，该机器人采用履带式行进，高约 30cm，整机覆盖三防材料，采用直流电池供电，并搭载了摄像头和照明设备，能将电缆沟内的画面无死角传输到远端监控平台，大幅提升了巡检效率和安全水平，如图 4-14 所示。

图 4-14　南方电网研制的电缆沟巡检机器人

4.2.2 近地维护类作业任务机器人

4.2.2.1 燃料采制样化验机器人

燃料采制样化验机器人包括燃料采样机器人、燃料制样机器人和煤样化验机器人，可以代替人工完整地完成燃煤入厂后的采样制样化验流程，避免人为干预对煤样检测的影响，也防止工作人员因吸入大量粉尘致病。

1. 燃料采样机器人

燃料采样机器人用于在火车入厂、汽车入厂后到卸煤前的采样作业工序中，实现采样流程无人化，相比较静止的采样机械，在节省人工采样工作量的同时，能够提升作业效率，并保证煤质采样的有效性。

燃料采样机器人主要由机械采样臂、系统控制器和图像传感器组成，可以自动识别车内是否有煤，并识别车辆类型及煤种，再对煤样进行随机抓取采样，机器人作业设计中应充分考虑运煤车辆的速度，采用高精度传感器用于车厢的定位，找到车厢位置后根据国家或行业标准执行采样操作，图 4-15 所示为某选煤厂采样机器人。

图 4-15 某选煤厂采样机器人

2. 燃料制样机器人

燃料制样机器人在传统人工制样与流水线自动制样系统的基础上，结合机器人与智能运维技术，通过采用机械臂和移动底盘，可以严格按照国家和行业标准执行制样流程，实现电厂燃煤制样工作的标准化和智能化，提升电厂燃料管理水平。

燃料制样机器人系统主要由机器人制样单元和机器人控制系统组成，可以实现对燃煤样品的自动化干燥、破碎、取样、研磨、打包等一系列规范化操作。

同时，燃料制样机器人系统具备煤样的转运和煤样暂存器的自动清洗功能，系统可根据煤样煤种的不同，制定多种燃煤制样方案，可以提高燃煤制样效率，避免煤样变质，减少煤样的水分损失。

3. 煤样化验机器人

煤样化验机器人在传统煤质分析仪器的基础上，采用机械臂代替人员自动完成煤样的抓取、称重、燃烧测量、水分测量、硫分测量等一系列煤质化验工作，并将化验结果上传。

煤样化验机器人可与燃料制样机器人无缝衔接，从煤样输送入口接收打包好的煤样，扫码得到煤样的基本信息，再将煤样送入对应的分析测量仪器，全程无需人工干预，最大限度地保证了化验结果的客观性。

2020 年，山西瑞光热电有限责任公司研发的燃料采制样化验机器人系统正式投入使用，该套机器人系统实现了燃煤电厂燃料从采样到制样再到化验的实时自动化管理，有效提高了燃煤热效率，在节能减排的同时创造了效益。

4.2.2.2　凝汽器清洗机器人

凝汽器清洗机器人利用高压水射流技术和水下密封技术等关键技术，能够对凝汽器长时间运行后产生的泥沙沉积、生物黏泥等污垢进行有效逐根清洗，防止冷却管腐蚀穿孔，提高机组热效率，避免人工清洗造成的机组停机或降负荷运行等问题。

凝汽器清洗机器人有多种设备机械类型，常见的有关节型和直角坐标型，其中，关节型因操作灵活、清洗覆盖概率更大而应用较多，一般由多个机械臂组成，通过操作机械臂精确定位目标管孔，通过多孔喷头对冷凝管内壁进行高压水清洗，图 4-16 所示为一种三机械臂凝汽器清洗机器人。

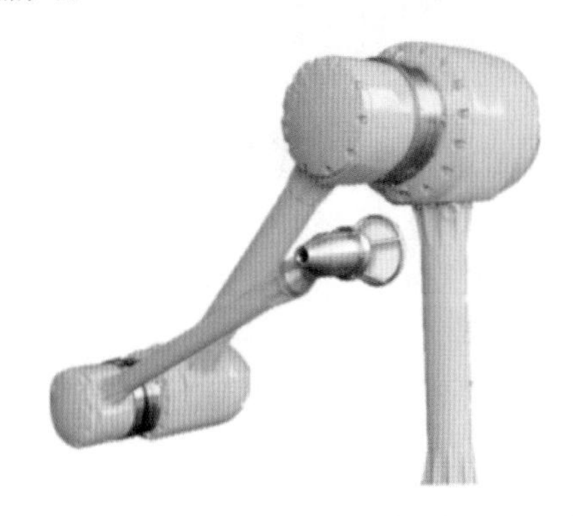

图 4-16　一种三机械臂凝汽器清洗机器人

凝汽器清洗机器人的技术指标主要包括重量、工作半径、运动控制、清洗速度、清洗覆盖率等。

2022 年 5 月，国家能源集团泉州公司上线了一套凝汽器在线清洗机器人，该机器人能实现凝汽器换热管板的在线和停机清洗，配备压力和压差两种变送器，可通过触摸屏实现在线监测和自动排污，每次清洗完毕后都能自动矫正对孔精度，确保了设备运行的高效与稳定，清洗覆盖率达到了 98.23%。

4.2.2.3　光伏清洗机器人

光伏清洗机器人主要用于对光伏组件面板积灰进行自动化清扫，提高光伏电站的发电效率，机器人通过无线通信互相组网，与电站业务系统及气象系统进行联动，实现完全无人化的光伏智能清洁检修管理。

光伏清洗机器人清洗方式可分为有水清洗和无水清洗两种，有水清洁采用机器人携带喷淋系统和滚刷对光伏板进行清理，无水清洗的方式更适用于缺水或供水不方便的电站运维，可采用毛刷清扫配合吹灰的方式减少光伏板表面的灰尘。光伏清洗机器人的能源供应可采用自带光伏组件和锂电池的方式，减少设备运维成本，将机器人固定在光伏板上，确保机器人可以在各光伏面板上自主移动。

光伏清洗机器人的技术指标主要包括清扫宽度、耗水量、吸附能力、清扫速度、控制响应和毛刷寿命等。其中较为关键的是吸附能力和清扫速度，要求光伏清洗机器人能够在光伏板上稳定吸附，且能够在光伏板上自由运动和改变移速。

随着光伏发电在各地迅速铺开，光伏清洗机器人的开发也受到了更多科技爱好者的关注，图 4-17 所示为第二十四届中国国际高新技术成果交易会上展示的一种光伏清洗机器人。

图 4-17　一种光伏清洗机器人

4.2.2.4　核电循环水管道清理机器人

核电循环水管道清理机器人主要用于核电厂工程建设时，尤其是在管道安装调试期间，对管道、设备夹层等狭窄区域进行检查和异物清理，降低蒸汽发生器等核级设备的意外风险。

核电循环水管道清理机器人的组成结构主要包括驱动模块、磁吸附模块、视频云台模块、主控模块等，通过机身角度调节装置，能快速变换机器人履带模块之间的相对角度，适用于复杂狭小或人员难以到达的区域作业。人员可以通过无线手柄等远程操作方式，根据机器人前端传回的视频数据操作核电循环水管道清理机器人完成检查和清理作业。核电环境特殊，需要重点关注高辐射情况下视频拍摄与回传技术和放射性防污去污技术等辐射防护技术。

核电循环水管道清理机器人主要包括以下三个方面的功能。

1. 复杂场景运动功能

为了应对核电管道内的复杂通路，核电循环水管道清理机器人需要具备能够自由通过管路内所有任务通道的能力，同时具备精准的定位、方向判别能力和灵活的运动驱动功能，防止机器人在管道中受困。

2. 图像感知功能

核电循环水管道清理机器人需要随时能够观察到管道内 360°的清晰图像，方便在管道内记录图像和应对突发情况。

3. 实时定位功能

精准的定位是核电循环水管道清理机器人在管道中能够自由移动的关键，结合电缆盘高精度编码器和陀螺仪等机载传感器，操作人员可以实时获取机器人在管道内的位置和倾角，及时做出操作调整。

2021 年 5 月，大亚湾核电站成功采用核电管道作业机器人，对一条直径为 690mm 的海水管道内壁进行了锈迹、排渣和喷涂修复，该机器人的高压水射流压力可达 200MPa 以上，采用三足结构行进，能在狭窄的管径内完成前进、后退、转弯等动作，修复后的管道涂层均匀光亮，整体工作效率和质量均优于人工，有效提升了本质安全水平。

4.2.2.5　核电地面应急救援机器人

核电地面应急救援机器人主要用于核设施检修、放射性废物处理以及应急响应，避免人员现场操作存在的极高安全风险和条件制约，实现对事故现场的核剂量率测量、状态监控和远程操作控制等。

核电地面应急救援机器人主要包括履带式机器人、足式机器人、轮式机器人，选型应用主要综合考量机器人的质量、大小、越障能力、耐辐射能力和移动速度等技术指标，根据救援地的实际情况选择合适的机器人。

操作人员通常采用远程人机交互的方式，遥控机器人前往救援地点。由于核电站通常墙体较厚或有铅板等金属阻隔，要着重考虑救援环境对设备信号的影响，在必要时采取有线连接可提高信号的稳定性，但也要考虑线缆是否容易发生缠绕等问题。对于核辐射影响设备电子元件可靠性的问题，可在机器人外壳加铅板进行隔离，但同时也会大幅增加机器人负载，影响机器人续航和稳定性。

目前，我国已对核电小型化作业机器人和核电救援机器人开展了深入研究，并于 2021 年纳入了“973”研究计划，研制出了六足爬梯机器人、六足操作机器人和核电紧急救灾铲斗六足机器人，如图 4-18～图 4-20 所示。核电紧急救灾铲斗六足机器人采用电动机-液压复合驱动技术，具备抗污染能力强、功率密度高的特点，采用蓄电池供电，可连续行走 4h。

图 4-18　六足爬梯机器人

图 4-19　六足操作机器人

图 4-20　核电紧急救灾铲斗六足机器人

4.2.2.6　配电网带电作业机器人

为了保障用户用电稳定，提高电网服务质量，配网工作经常需要在带电条件下完成，给操作人员的安全造成了极大的风险，存在高处坠落和触电的可能，为此，配电网带电作业机器人成为电网行业近些年研究的热点。

配电网带电作业机器人主要应用于 10kV 及以上的中高压配电网带电作业，作业内容包括接线、断线、绝缘子更换、隔离断路器装配、障碍物清理等。配电网带电作业机器人的主要结构包括可遥控机械臂、力反馈系统、视觉系统、机器人驱动系统和绝缘防护系统，带电作业时机器人进入绝缘斗内，操作人员远程进行遥控，通过完全绝缘隔离来保障操作人员的安全。操作人员通过力反馈系统和视觉系统，可以清晰地把握机械臂的操作和力道，实现视觉与感觉上的临场感，满足各类操作需求。

配电网带电作业机器人的技术指标主要包括控制方式、机械臂数量、机械臂重复定位精度、机械臂载荷、机械臂驱动方式、绝缘性能等。

2022 年 4 月，国家电网有限公司在新疆乌鲁木齐采用一台配电网带电作业机器人，对 10kV 高压线进行了带电搭接引线作业，该机器人具有两条机械臂，采用了多传感器融合的定位系统，定位精度达到毫米级，能根据实际任务更换操作工具，自动作业成功率达到了 98%，在机器人识别失败时，也可通过人工定位辅助完成带电作业，操作人员全程无需触碰导线，极大地提高了作业安全性，如图 4-21 所示。

图 4-21　配电网带电作业机器人带电搭接引线

4.3　面向电力行业地面作业的智能机器人技术趋势分析

4.3.1　近地巡检类机器人技术趋势

近地巡检类机器人作为一种在电力行业应用较早、使用范围较广的维护类机器人，已形成了较为完善的技术研发体系，随着机械、传感器、通信、人工智能、储能等技术的发展，近地巡检类机器人也将在技术上迎来新的突破。

在机械结构方面，目前近地巡检类机器人为了应对不同的地面工况，形成了大量不同的驱动结构和设计规范，在适应现场环境的同时也给机器人的后期维护带来了不便，随着近地巡检类机器人应用的不断增多，一些落后的设计形式将逐渐淘汰，机器人的结构形态和设计规范有望趋于统一。

在传感器方面，随着近地巡检类机器人的应用范围不断拓展，越来越多的场景和设备也将纳入近地巡检类机器人的巡检范围，单台机器人将不再局限于仅携带两三种传感器，电力行业也将对现有机器人的传感器扩展能力提出需求，多种传感器的信息融合以及信息的边缘处理能力也将被用户所重视，传感器所检测到的信息也将获得更大限度的利用，进一步提高机器人运行的可靠性和对巡检对象状态的判断能力。

在巡检可靠性方面，机器人主要依靠摄像头和传感器巡检，针对光线变化引发的图像识别误差，主要将依靠摄像头本身图像参数调节能力的进步和机器视觉识别算法的革新来减小，随着传感器精度的提升，近地巡检类机器人的巡检准确率也将变得更加稳定。

在续航能力方面，构建机器人的设备材料将朝着更加轻便和坚固的方向发展，机器人携带的电池能量密度也将不断提高，机器人的续航能力将得到进一步提升，结合远距离通信技术，巡检覆盖范围不断扩大。

在系统使用方面，近地巡检类机器人的平台化趋势明显，不同场景、不同品牌机器人“各自为战”的局面将得到改善，电力运维人员有望通过统一平台操作管理区域内的全部机器人设备，平台功能也将日趋完善，大幅提升人机交互体验。在统一平台中，不同机器人的巡检数据也将得到进一步的融合、处理和展示，极大地提升巡检数据的利用率。巡检平台也将向着移动端方向发展，更加方便电力运维人员查看和处理巡检事项。

4.3.2 近地维护类机器人技术趋势

近地维护类机器人相较于巡检类机器人在电力行业应用较晚，其结构一般较为复杂，控制难度更高。随着近地维护类机器人在电力行业作业范围的不断拓展，其定制化特征也将更加明显，这给近地维护类机器人的技术发展带来了新的挑战。

在机械结构方面，近地维护类机器人主要依靠机械臂工作，目前机械臂的主要驱动形式包括液压、气压、电气和机械四种，在传动精度、传动力量、环境适应性和耐久性上各有不同，随着人们对机器人作业精度和作业范围要求的不断提高，现有单种形式驱动的机械臂可能将不能满足现场的实际需求，开发新的驱动形式或多种驱动形式结合将是提高机械臂工作能力的重要方向。

在作业控制方面，近地维护类机器人中许多是移动机械底盘和机械臂的结合，但鲜少有维护类机器人可以做到同时移动和操作机械臂执行任务，这是近地维护类机器人隐藏的工作潜力，如何挖掘该类机器人的动态作业能力，优化该类机器人的动态运动规划控制算法也将是未来的技术趋势之一。

在运行可靠性方面，近地维护类机器人工作过程中可能会出现故障而停机，如果停机发生在核污染区域或人员难以进入的区域，将会给维护工作造成巨大的阻碍和安全隐患，因此需要通过多种渠道来提升其稳定性和智能化程度，减少其发生故障的可能，或在其遇险后能够自发地排除困难或自我修复，实现“自救”。

在系统使用方面，近地维护类机器人的平台化趋势同样明显，将同一区域内的机器人归结到统一平台进行管理，不仅方便电力运维人员使用，大幅提升数据利用效率，还为未来机器人自主协同作业打通了数据基础，为“无人化”工厂埋下了伏笔。

4.4 本 章 小 结

本章将电力行业地面作业智能机器人分为巡检和维护两大类，介绍了近年来研制电力行业地面作业智能机器人主要关注的五项关键技术；介绍了十余种典型的地面作业机器人，并收集了有关应用案例；基于对相关典型机器人案例的收集，分析了电力行业地面作业智能机器人的技术发展趋势。

地面作业智能机器人是在电力行业中发展最早、应用最广、产业最为成熟的一种机器人，已在国内外电力行业获得了大量的应用，改变了电力行业的生产方式，取得了巨大的成功。但同时，部分地面作业智能机器人也存在许多问题，包括操作繁琐、维护困难、泛用性差、精确度低、智能化程度不高等，但总体上来说，地面作业智能机器人的应用确实代替人员完成了许多繁琐的现场工作，避免了人员前往危险的现场环境，并且提高了电力行业运维管理的数字化、智能化程度，切实减轻了电力行业从业人员的工作负担，使人们享受到科技发展带来的便利，具有重要的实用意义。

目前，全球电力生产市场仍在不断扩长，对电力行业自动化、智能化的需求也在不断增长，智能机器人在电力行业的作用正在不断凸显。随着科学技术的不断发展，地面作业智能机器人也将向着简单易用、智能可靠的方向不断完善，在电力行业的更多地面场景中得到更为广泛的应用，为电力行业的持续稳定发展和用户侧的高质量用电发挥重要作用。

第 5 章

面向电力行业高空作业的智能机器人

5.1 面向电力行业高空作业的智能机器人特点和关键技术

5.1.1 面向电力行业高空作业的智能机器人特点

目前，智能机器人在高空作业中的应用类型主要有高空巡查类、高空检测类和高空维护类。由于作业场景、操作流程以及完成作业目标的不同，三种高空作业机器人在机械结构和实现功能中各具特色。

（1）用于高空巡查类的智能机器人多采用多旋翼无人机或小型直升机的巡检设计方案，特点是结合信号处理技术和计算机视觉，构建多传感器融合测量系统，实现远距离信息采集与状态评估。

（2）用于高空检测类的智能机器人多采用爬壁类机器人，特点是利用磁吸附或真空吸附等方式完成机器人在壁面上的机械运动。同时，能够利用深度学习与传感器结合的方式，实现对壁面缺陷位置、缺陷类型和缺陷等级的实时检测和数据分析。

（3）用于高空维护类的智能机器人多采用机械臂类机器人和爬壁类机器人，特点是较上述两种机器人，此类型机器人不仅具有除锈、喷漆、清灰等复杂机械功能，还存在高度的定制化特性，不仅能够在特定场景中发挥较大作用，还可以实现定期的设备维护工作，减少人工高空作业的风险。

5.1.2 面向电力行业高空作业的智能机器人关键技术

根据高空作业载体的不同，智能机器人关键技术可划分为三种类型：针对无人机的关键技术、针对爬壁机器人的关键技术和针对机械臂类机器人的关键技术。

5.1.2.1 无人机的关键技术

针对无人机的关键技术主要包含以下三方面。

1. 飞行器建模技术

在高空巡查类作业中，无人机是最常见的智能机器人应用及解决方案。作为飞行控制系统中的核心环节，针对无人机的飞行器建模技术尤为重要。当前，无人机建模主要由运动学模型和动力学模型组成。常见的建模包括固定翼、直升机和旋翼结构等，三者具有相同的运动学模型，但由于产生升力的原理不同，使得三者在动力学模型上具有很大的差别。对于固定翼飞机，可通过流体计算和风洞实验得到较为准确的模型，并可以此为基础，将经典算法与控制策略融合，从而获得较满意的控制效果。但基于电力行业巡查类任务的飞行器需要尽可能接近检测物体外观或内部结构进行悬停巡查。因此，主要采用多旋翼无人机或者无人直升机等。此巡查类飞行器的建模与控制过程较为复杂，以四旋翼无人机为例，如图 5-1 所示。

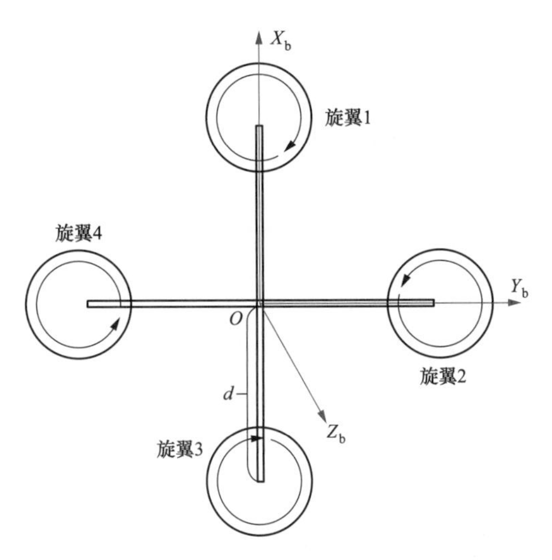

图 5-1　四旋翼无人机动力学建模示意图

四旋翼无人机的动力学模型是由基于机体轴系下的牛顿欧拉方程构成，其通过对力与加速度之间关系分析，得出机体在运行中的位置动力学方程、姿态动力学方程、总升力和总力矩，即

$$\dot{v}_b = -w_b \times v_b + \frac{F_b}{m} + \frac{R_n^b[0\ 0\ g]^T}{m} \tag{5-1}$$

$$\dot{w}_b = J^{-1}[-w_b \times (Jw_b) + t_b] \tag{5-2}$$

$$F_b = \begin{bmatrix} 0 \\ 0 \\ -c_t(n_1^2 + n_2^2 + n_3^2 + n_4^2) \end{bmatrix} \tag{5-3}$$

$$t_b = \begin{bmatrix} t_{x_b} \\ t_{y_b} \\ t_{z_b} \end{bmatrix} = \begin{bmatrix} dc_t(-n_2^2 + n_4^2) \\ dc_t(n_1^2 - n_3^2) \\ c_M(n_1^2 - n_2^2 + n_3^2 - n_4^2) \end{bmatrix} \tag{5-4}$$

式中　$\dot{v}_b$——微分运算；

w_b——在机体轴系下的角速度，用于将机载 NED 坐标系转向机体轴系；

v_b——飞行器在机体轴坐标系（即由 x_b、y_b 和 z_b 组成的坐标系）下的矢量速度；

F_b——机体轴系下的多旋翼总作用力；

m——飞行器自身重量；

n——旋翼的旋转速度；

R_n^b——旋转矩阵，用于将机载NED坐标系（其中，N为地理北极，E为地理东方，D为垂直向下）转向机体轴坐标系；

g——重力加速度；

$\dot{w}_b$——微分运算；

J——多旋翼飞行器的转动惯量矩阵；

t_b——机体轴系下的飞行器总力矩；

d——飞行器旋翼的翼距；

c_t——飞行器的旋翼升力系数；

x_b——x轴指向飞行器的机头位置；

y_b——y轴指向飞行器机身的右侧位置；

z_b——z轴位于飞行器的机腹位置，纵向对外延伸；

c_M——旋翼转矩系数。

2. 机载设备集成技术

机载设备主要由机载计算机、飞行数据传感器、视频系统、数据链路和电源五部分组成。机载设备的设计、制造与集成直接决定高空机器人的作业性能，而各设备的可靠性又直接关联到高空机器人的作业安全。因此，机载设备是高空机器人的核心硬件结构。在能源稳定供给下，机载计算机可根据采集的飞行数据、视频信息和地面指令，实现对机器人操控并高效完成高空作业任务。

随着技术的进步，机器人的机载设备呈现出模块化和集成化的特点。其中，模块化是以功能方式对机载设备进行子系统模块划分，其优点是具备便携性、安装快捷性、简化调试维护过程和避免内部干扰；集成化则是对子系统模块内部结构进行高度集成，优点在于降低机体的整体结构复杂度、提高性能可靠性。目前，高空作业机器人大多采用姿态航向参照系统（Attitude Heading Reference System，AHRS），代替先前的分立元件式三轴陀螺和电子罗盘等结构。

3. 导航定位技术

导航定位技术是无人机系统里的重要组成部分，是无人机能够实现准确定位、稳定飞行和空中悬停的核心技术。当前，控制无人机在室外飞行的导航技术已获得长足的进展，诸多学者提出了多种无人机飞行导航研究，包括无人机视觉同步定位与建图（Simultaneous Localization and Mapping，SLAM）算法及仿真、基于无人机的光折射导航研究和四旋翼无人机室外导航定位技术研究等，而室内导航定位技术仍有诸多空白，主要涉及视觉伺服、惯性导航、目标探测和数据交互等多项技术研发。未来，对于高空作业机器人的自主性能要求将进一步提升，不仅要求高空机器人能够在没有GPS导航的情况下，完全自主地对复杂室内情况进行侦察，还可以实时将周边环境图像数据即时传到室外监控平台，实现数据交互。这种性能技术的提升将把飞行器室内导航、总体设计、飞行控制和系统集成等技术推进到一个更新、更高的水平。

5.1.2.2　爬壁机器人关键技术

针对高空爬壁机器人的关键技术主要集中于解决机器人在壁面上的吸附力、驱动力、能源等基础问题，以及爬壁机器人的移动规划和感知定位等能力。其具体内容如下：

1. 吸附技术

爬壁机器人吸附方式主要为磁吸附、真空吸附、负压吸附、黏着吸附、静电吸附、仿生吸附等技术（见表 5-1），其中，磁吸附和真空吸附技术应用范围较广，其余方式则需要根据机器人自身结构以及吸附壁面粗糙度等特征，进行定制化设计。

表 5-1　爬壁机器人吸附方式特点

吸附方式	优点	缺点	应用范围
磁吸附	（1）电磁吸附：设计结构简单，与吸附面较易分离，具有较大的吸附力度。 （2）永磁吸附：具有稳定和高强的吸附力，自身具备磁性，不耗能，作业安全性高	（1）电磁吸附：可作用于导磁材料的表面，重量较大，作业中需要大量能耗。 （2）永磁吸附：同样吸附于导磁体的表面，结构设计复杂，剥离难度较大	电磁吸附应用范围适中，永磁吸附应用范围较大
真空吸附	（1）单吸盘吸附：可吸附在多种壁面材料中。 （2）多吸盘吸附：可吸附在多种壁面材料中，具备容错空间，吸附较强，断电后力度持续消退	（1）单吸盘吸附：要求吸附材料的表面具有较高平整度，设备运行中要维持恒定真空度，断电后吸附力消失。 （2）多吸盘吸附：要求吸附材料的表面具有较高平整度，设备运行中要维持恒定真空度	适中
负压吸附	可吸附在多种壁面材料中，适应性较强	负载性能较差，越障能力方面存在困难	适中
黏着吸附	可吸附在多种壁面材料中，适应性较强	要求吸附材料的表面具有较高平整度和整洁度，吸附力度较低，可控性与操作性存在难度	较小
静电吸附	可吸附在多种壁面材料中，适应性较强	要求吸附材料的表面具有较高平整度和整洁度，吸附力度较低，可控性与操作性存在难度	较小
仿生吸附	可吸附在多种壁面材料中，适应性较强且无噪声	技术尚未成熟，仍在研发中	较小

从应用范围及能力来看，磁吸附和真空吸附是目前爬壁机器人主推的核心技术。

（1）磁吸附技术。磁吸附技术一般以电磁铁和永磁体两种材料为主，电磁铁需要利用通电的铜线圈卷绕来产生磁场，并通过控制电流大小和流向决定电磁铁的磁场强弱与磁极方向，此类型材料虽具备较大的磁吸附拉伸强度，但也存在体积较大、移动灵活性较差的缺陷。同时，当接入的电流过大时，还会出现铜线圈短路现象，使得电磁铁无法使用。与电磁铁相比，永磁体是一种能够保持永久磁场的吸附材料，其磁体材料主要以钕铁硼磁铁为主，无需通电即可产生磁力。此类型磁体具有体积小、吸附力较稳定的特性，有利于实现智能机器人在高空作业中的机体轻量化，进而给电动机功率选型以及能源供给方式提供更多选择空间。然而，永磁吸附方式也存在磁力衰退现象和回收风险，首先，在高温环境中钕铁硼永磁体的耐温温度是100℃，当外界环境升温至150℃左右时，钕铁硼的磁力出现加速下降现象，若持续保持在150℃环境中，钕铁硼磁铁的磁力将在20min后消退；其次，永磁体爬壁机器人是由电力驱动机体行动，当出现意外断电现象时，机器人会因能源缺失而通信失联，进而只能停留在某一操作区域无法取回。两种吸附方式的选择需结合实际场景设定，就当前应用范围而言，永磁体吸附技术应用范围较广。

（2）真空吸附技术。吸盘真空吸附主要应用于表面光滑、平整且滑动摩擦因数较小的玻璃墙壁。真空吸附的基本原理是利用风机、泵等动力设备抽取吸盘腔内的空气，并形成吸附力，使得机器人能够利用吸盘的内外压差实现壁面吸附，即

$$F=(p_a-p_c)A \tag{5-5}$$

式中 p_a——机器人在作业中的外界大气压强；

p_c——机器人吸盘腔内的真空度（相对压强）；

A——机器人的吸盘在材料体表面的有效吸附面积，即有效密封范围。

吸盘腔内的真空度和有效附着面积的大小决定了吸盘在光滑壁面的吸附力度，同时，也需要考虑机器人在环境中的诸多因素，比如机器人自身的实际重量、机器人在任务中的运动加速度等，进而确保机器人在实际作业中能安全运行与稳定吸附。

一般地，在机器人的吸盘设计中，吸盘的有效直径范围为

$$D\geqslant\sqrt{\frac{4Gt}{\pi n p_c}} \tag{5-6}$$

式中 D——机器人的吸盘直径，mm；

G——机器人本体的重量；

t——安全系数，分为水平吸附和垂直吸附，常规下，水平吸附时安全系数 t 不低于4，垂直吸附时安全系数 t 不低于8；

n——吸盘数量；

p_c——吸盘腔内的真空度（相对压强），kPa。

同理，当机器人具备 n 个吸盘时，整体的吸附系统吸附力为

$$F_v=\sum_{i=1}^{n}(p_a-p_c)\cdot\frac{\pi R_i^2}{10}\cdot\eta \tag{5-7}$$

式中 F_v——机器人 n 个吸盘的吸附力之和；

p_a——吸盘腔内的真空度，初始值为标准大气压，kPa；

p_c——吸盘腔内的真空度（相对压强），kPa；

R_i——吸盘有效吸附范围中的有效半径，cm；

πR_i^2——可以理解为吸盘总的有效面积大小；

η——安全系数。

通过式（5-7）可知，机器人吸附系统的吸力是由 n 个吸盘的吸附力的吸力共同组成，可吸附在多种壁面材料中，具备较广应用范围。

2. 机械驱动技术

机械驱动技术是由爬壁机器人的脚部配件及其控制单元组成。其中，脚部配件主要分为轮式、足式、履带式、框架式及步履式，见表 5-2。

表 5-2　　爬壁机器人脚步配件特点

脚步配件	优点	缺点	应用范围
轮式	空间利用率高，移动灵活性高，速度快，控制结构与操作较简单	吸附力与越障能力较差	适中
足式	越障能力较强，运动速度较快，运动灵活	控制结构较复杂	较小
履带式	可爬行于多种壁面材料中，具有较强负载力，吸附有效面积与吸附力大	结构设计较为复杂，越障能力较差，转向困难，不易剥离附着面	较大
框架式	较强负载能力，整机的控制与结构相对简单，吸附力大	灵活性较差，移动精度较低	较小
步履式	吸附力较强，具有较高负载力与移动灵活性，越障能力较强	空间占比高，结构设计与控制方式复杂，移动精度适中	较大

另外，还需结合 WiFi、蓝牙等无线技术远程操控、监控机器人进行高空作业。在控制单元上，主要使用数字信号处理（Digital Signal Processing，DSP）进行控制算法实现。其中，涉及的算法主要是基于 PID（Proportion Integration Differentiation）驱动机构控制算法及其各种变体，例如，增量式 PID、模糊 PID 控制等。在操控方面，要根据不同的应用场景设计差异化的机器人控制方案，但均以机器人的位姿状态为基础，进行建模、构造矩阵并完成整体设计与功能实现。

3. 能源续航技术

作为爬壁机器人技术瓶颈之一，爬壁机器人的能源供给问题仍待优化。现有机器人多采用锂电池，但是电池容量有限，存在续航问题。诸多团队都在进行电池轻量化、高容量化研究。另外，利用太阳能等新能源也是研究方向之一，但存在两方面问题：①太阳能转化效率较低；②爬壁机器人实际作业环境并非长期具备光照，难以高效捕获太阳能，完成能源转化。可见，爬壁机器人的能源续航技术仍需进一步深入研究。

4. 移动规划技术

移动规划是爬壁机器人的核心技术之一。在实际作业过程中，爬壁机器人的路径规划方式以全覆盖路径规划为主，用于规划爬壁机器人除障碍物以外的所有作业区域并减少机器人的路径重复性问题。移动规划的流程：首先，对机器人爬行的环境地图栅格化，采用矩形分解法将作业环境分割为若干子区域；其次，利用优先搜索算法对子区域进行序列化，实现爬行路径可覆盖各个子区域；最后，检查、确认爬行路径是否已覆盖全部子区域。若存在未完全覆盖区域，则采用随机路径图法（Probabilistic Roadmap，PRM）、A*（A-star）算法、快速搜索随机树法（Rapid-exploration Random Tree，RRT）等最短路径算法补充移动路径，规划爬壁机器人从当前位置到未覆盖子区域的路径。

5. 感知定位技术

目前，在感知定位技术的研究中，基于单目视觉的感知定位技术应用较为广泛。爬壁机器人在基于单目视觉的感知定位技术中的工作流程如图 5-2 所示。

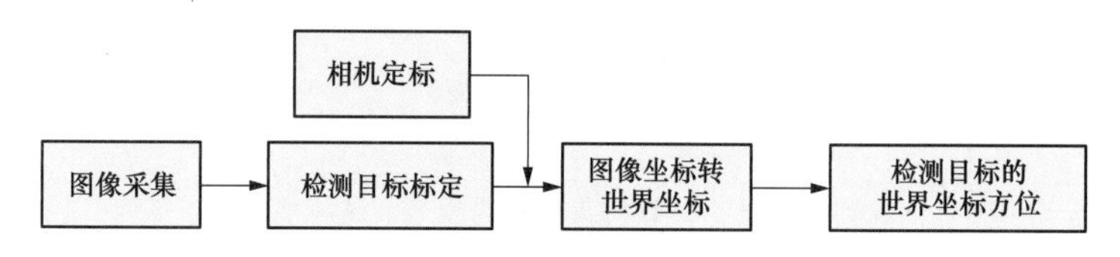

图 5-2　爬壁机器人在基于单目视觉的感知定位技术中的工作流程

基本路程分为以下三步：

（1）根据爬壁机器人的实际作业环境状况，设计爬壁机器人在检测中的感兴趣区域（Region Of Interest，ROI）以及标志物跟踪方案；

（2）利用单目视觉系统进行视觉定位，建立相机成像模型并完成坐标系统变换关系阐述；

（3）按照检测图像坐标在前、世界坐标在后提取的方法，实现图像实时采集和方位检测。

5.1.2.3　机械臂类机器人关键技术

机械臂类机器人在电力行业逐渐得到广泛的应用，如在电网、火电、水电等领域。下面以火力发电厂灰库清理维护机器人为例，其涉及机械臂结构优化、刚度特性分析等技术研究。

1. 机械臂结构优化技术

一般地，火力发电厂的灰库结构多为立式仓筒，其内腔直径较大、空间宽敞，而位于库顶的机器人安装孔直径较小、入口狭窄，易造成机器人在灰库入口处的尺寸受限问题，进而与灰库全覆盖内壁清理需求冲突。对此，可通过优化、构建机器人的内、外部结构来提升空间适用性和机械臂的工作有效性。目前，在机械臂的结构优化方面，主要是针对机械臂的内部结构进行调优，如机械臂的辅助安装模块、水平回转关节、竖直回转关节、水平长伸缩臂和末端清理装置等。通过结构优化设计来强化驱动机构的效率与臂体结构的稳固性，进而实现整体作业性能的提升。另外，也要从机械臂的制作材质、安装约束、导向要求、刚度特性和加工性能等角度进行综合考虑，并同时兼顾驱动机构的伸缩范围和同比伸缩特性，进而增强机器人各关节的协同配合。

2. 刚度特性分析技术

对于机械臂刚度的分析，主要从机械臂的结构特征、运动特性及作用力特点等角度进行分析、建模。

除火电领域外，机械臂类机器人也在水电、电网等领域存在研究与应用空间。如在水电站中，可利用多关节结构机械臂和精密角位移传感器检测水轮机叶片变形程度和空蚀状态，为后续的焊接和打磨作业提供数据支撑，确保水电站的发电平稳与安全运行。在配网带电作业中，可通过使用液压作业机械臂来实现自主实时运动行为规划，代替人工在高电压、强磁场的环境中，对绝缘子和配电线路进行安全距离检测与智能避障，提高作业效率与作业精准度。

5.2　面向高空作业任务的智能机器人介绍

5.2.1　面向高空巡检类作业任务机器人

5.2.1.1　锅炉巡检无人机

锅炉巡检无人机用于锅炉水冷壁巡检作业，能够通过多传感器信息与计算机视觉信息深度融合的方式，实现弱光环境中的设备扫描建模与智能巡检，使得巡查工作效率提升，检测覆盖率提高，检修成本降低，突显出直观友好的人机交互性。

由于锅炉水冷壁具有非结构化特性，其巡检作业场景较为复杂，存在诸多不确定因素。因此，使用常规感知技术很难有效获取巡检作业场景中的目标信息和障碍物信息，使得无人机的作业性能和效率受到制约，需通过将多种不同类型的传感器信息和作业场景内部结构建模信息深度融合来实现巡检智能化、无人化以及实时人机交互。目前，大部分锅炉水冷壁快速巡检无人机总体架构主要是由无人机搭载平台、飞行控制系统、感知系统、定位导航系统以及作业管理系统等部分组成，如图 5-3 所示。其核心功能主要包括：

1. 弱光环境下的图像处理

该技术具有主动亮度调节的补光控制、ROI 图像增强、杂乱环境下的图像滤波等功能。由于锅炉内部属于弱光环境，为了获得足够清楚的图像信息，需要对环境进行补光。通常，弱光环境下的图像处理技术是由线性调光照明系统与单片机结合实现。其中，单片机为核心硬件，线性调光照明系统则用于调控 LED 灯的光照强度。具体过程如下：在线性调光照明系统中，需以 LED 灯为照明光源，并要依据其照明特点设计 LED 驱动电路，用于实现单片机对 LED 灯亮度的调控。在工作中，首先，要进行初始化，包括中断初始化和 LED 灯初始化；其次，对系统进行时钟设置；最后，在单片机的控制下调节数

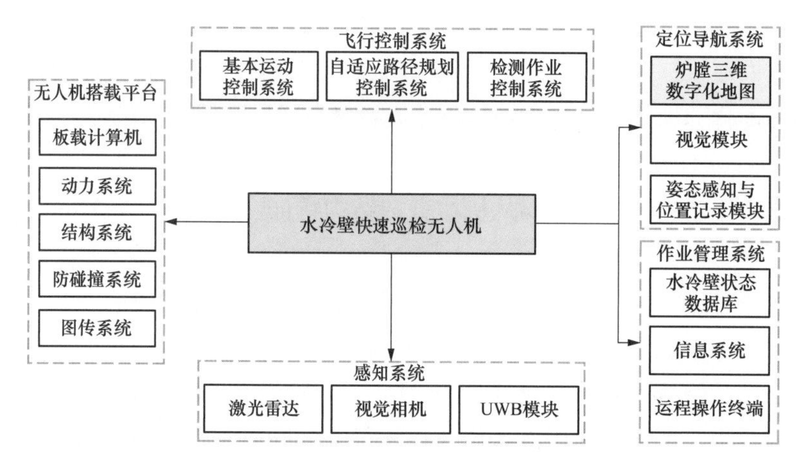

图 5-3　锅炉水冷壁快速巡检无人机总体系统设计

字电位器得到线性变化的阻值，并产生线性变化的电流，进而实现 LED 灯驱动电路对 LED 灯亮度的调节。这种方式不仅可以防止高速摄像机出现频闪，还能够满足无人机在锅炉内部的照明需求。

2. 多传感器融合测量

由视觉信息、激光、惯性测量单元（Inertial Measurement Unit，IMU）惯导构建的多传感器融合测量技术，能够通过无人机本体搭载的摄像头、测距传感器等传感器件，采集作业现场视频和环境信息。通过人工提前对采集的水冷壁管壁图像进行缺陷标注，针对水冷壁炉管表面裂纹等缺陷，建立缺陷特征数据库，结合大数据算法和机器视觉技术，利用深度卷积神经网络、YOLO（You Only Look Once）、OpenCV（Open Source Computer Vision Library）等机器学习、深度学习算法，对照缺陷样本进行训练，提取缺陷特征，开发水冷壁管壁缺陷自动识别算法，智能识别水冷壁炉管缺陷。

水冷壁管壁缺陷检测技术的核心就是通过深度学习，提取水冷壁管壁缺陷特征，并根据不同的缺陷类型对管壁表面的图像进行标注分类。卷积神经网络如图 5-4 所示。首先，将管壁图像传送到卷积层中，利用卷积滤波提取缺陷特征并传递到池化层。由于提取的缺陷特征仍包含过多低价值信息量，因此，需要通过池化层对提取的特征进行降维，实现参数轻量化；其次，池化层将不同的特征输至全连接层，与图像进行映射对比，进而实现缺陷分类预测。

另外，在飞行过程中，全局位置的计算依赖于激光雷达采集的点云数据、惯性导航估计的粗略位置信息和已知的三维点云模型信息。首先，通过将激光雷达采集到的点云数据与已知三维点云模型通过 ICP(Iterative Closest Point) 点云匹配算法进行相似性匹配，得到初步的全局位置；其次，将初步的全局位置与惯性导航得到的位置信息，通过卡尔曼滤波算法进行融合，进而得到最终的全局位置。

3. 模型匹配与环境预建

为解决不同火力发电厂炉膛结构不同的问题，首先，采用无人机搭载的激光扫描仪，

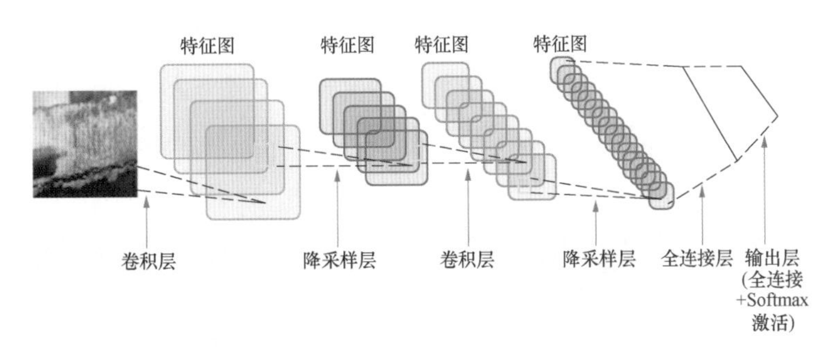

图 5-4　卷积神经网络

在未经过测绘的锅炉中进行试飞，通过激光测距原理扫描锅炉内部物体表面，得到高精度的三维点云数字模型。这种技术具有高效率和高精度的特点，能够利用无人机快速、便捷的优势，高效建立三维点云数字模型；其次，试飞完成后，需结合锅炉三维数字化地图模型，构建炉膛三维地图，实现锅炉炉膛结构的立体展示，进而为无人机的三维导航和缺陷精确定位提供模型支撑。

同时，结合基于 ICP 点云匹配的无人机全局定位算法，在不同结构的锅炉三维点云模型中建立全局坐标系，实现路径规划。无人机可沿着目标轨迹飞行，并依据局部位置实现本地路径规划，避免出现碰撞。

由此可见，模型匹配与环境预建技术不仅能够实现无人机运动信息的数据匹配以及测量信息与先验结构模型的匹配，还能够利用所采集的信息对作业场景进行重构，进而为无人机的高效巡检提供了重要支撑。

在应用方面，国家电投集团上海发电设备成套设计研究院在国内率先提出了锅炉自主巡检无人机方案，并以江西某电厂为试点，开展了锅炉巡检无人机项目研发与示范。该无人机能够在 0～50℃温度范围内进行 20min 续航，通过搭载云台、摄像头等设备，实现实时视频、无人机遥测、状态可视化和定位。同时，也具备视频查看、飞行日志分析、飞行数据导出和地图保存及航线设置等多元化功能。目前，该锅炉自主巡检无人机已经在江西、贵州等省域内的多个电厂多台机组上进行了无人机试飞试验，其中包括新昌电厂、贵溪电厂、分宜电厂扩建工程、黔北电厂等，试验主要分为清灰前与清灰后，无人机拍摄如图 5-5 所示。

图 5-5　无人机拍摄

由于锅炉内部地磁稳定，有利于无人机的控制，因此，可在无 GPS 的情况下，利用无人机进行稳定飞行和激光点云数据、内部管壁和燃烧器图像的采集，并建立锅炉缺陷样本数据库。同时，将采集图像生成 3D 模型并以此反向推算拍摄位置，导出空间坐标，如图 5-6、图 5-7 所示。

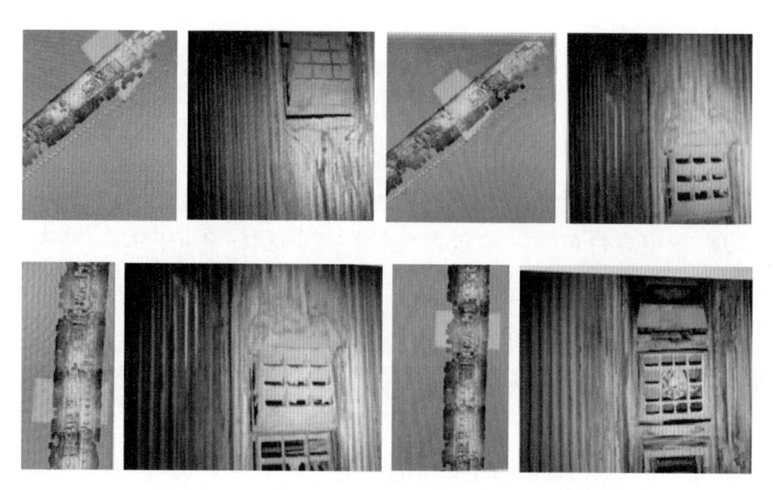

图 5-6　燃烧器三维模型

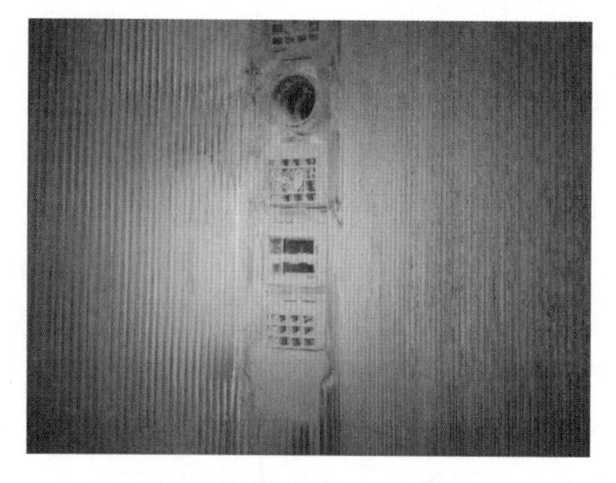

图 5-7　燃烧器附近区域拍摄

5.2.1.2　煤场盘煤无人机

煤场盘煤无人机主要利用三维激光扫描、差分 GPS 定位、无线通信等技术和盘煤仪等装置，完成煤场煤堆盘点作业，实现了煤场盘煤效率和精度的提高，克服了巡查成本高、作业操作复杂、盘煤视野存在遮挡或盲区的缺点，使得煤场盘煤无人机能够更好地满足煤场快速、准确盘煤的需求（如图 5-8 所示）。

1. 协作流程

煤场盘煤无人机由无人机本体、惯导模块、定位模块、三维激光扫描模块或高清图像抓取模块、无线传输模块、环境感知模块等部件组成。这些模块之间的协作流程如下。

（1）利用环境感知模块，如红外测温、气体检测等感知周围环境；

图 5-8　盘煤无人机

（2）利用避障规则和即时定位做路径规划；

（3）通过使用定位模块中的差分定位技术、三维激光扫描模块或高清图像抓取模块中的计算机图形处理技术，获取煤场的空间位置数据；

（4）利用无线传输模块将采集数据同步传输到平台，并结合三维建模技术实现煤堆空间位置信息的三维坐标转换和实景三维模型重构，进而实现储存煤量计算和煤场多维展示，如图 5-9 所示。

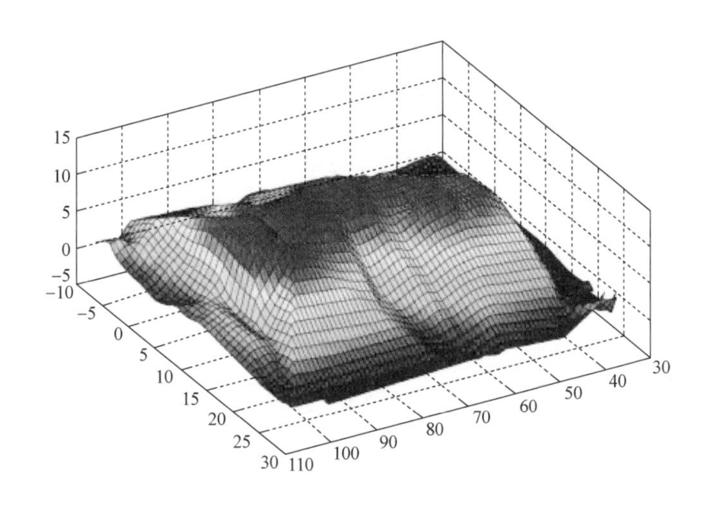

图 5-9　煤场三维建模展示

2. 核心功能

目前，煤场盘煤无人机的核心功能主要有差分定位和惯导巡航。

（1）差分定位技术。盘煤无人机可通过差分技术降低定位误差，其中包括公有误差和一些固有误差，进而实现定位精度的提高。

（2）惯导巡航。盘煤无人机能够将惯导系统与差分定位技术进行结合，进而消除定位过程中的误差，并通过提升惯导参数的准确度来确保煤量盘点等功能的实现。

3. 特点与优势

与以往的露天煤场盘点方式相比，煤场盘煤无人机具有诸多特点与优势：

(1) 数据准确。煤场盘煤无人机能够利用差分定位、惯导巡航、三维建模技术重构煤堆立体模型，并精准计算煤堆体积。

(2) 无盲区与人为因素。虽然煤场存在扬尘、薄雾等情况，但是煤场盘煤无人机在飞行时能够利用GPS的定位数据，有效避免外界环境对盘煤精度的影响。

(3) 便捷高效。使用煤场盘煤无人机进行数据采集所需时间低于人工统计时间，且能够针对不同高度的煤堆进行颜色的差异化标注与显示。

(4) 劳动强度降低。使用煤场盘煤无人机进行煤场盘点仅需要几人参加，且不需要使用煤场作业机械对煤堆进行盘点前的整形工作。整体流程除无人机部分设备需要提前准备外，其他额外维护较少。同时，设备的实际运行中一般具备飞行平稳、可靠且故障率低的特性，有效减少了人员的盘煤作业时间与劳动强度，也降低了人员与粉尘环境的接触，有利于身心健康。

5.2.1.3 烟塔巡检无人机

在火力发电厂中，锅炉燃烧产生的烟气主要通过烟囱排到大气层中。然而，由于烟气中含有诸多带有腐蚀性的、酸性的SO_2和SO_3等气体物质，会不断腐蚀烟囱内壁，使得烟囱在长时间使用后，出现内壁腐蚀、破损的现象，进而威胁到火力发电的安全生产。某电力集团的烟囱内壁受损统计见表5-3。

表5-3 烟囱内壁受损统计

属性	湿烟囱（根）		干烟囱（根）	半干烟囱（根）
数量	32		19	15
防腐方法	钛-钢复合板	国产砖胶+涂料	循环流化床（Circulating Fluidized Bed,CFB）锅炉机组	湿法脱硫+GGH（Gas Gas Heater）烟气加热装置
占比（%）	59	41	100	100
受损情况	防腐效果好	主要表现为失效较多	状况良好	部分出现烟囱结露腐蚀迹象

从表5-3中可知，虽然烟囱内壁涂有防腐材料，但由于其材质、方法的不同，导致烟囱的受损情况具有差异。因此，为了确保火力发电的顺利进行，火力发电厂需在电力生产过程中，对烟囱内壁的腐蚀情况进行定期巡查与修复。当前，烟囱内壁腐蚀检查方法见表5-4。

表5-4 烟囱内壁腐蚀检查方法

属性	高空作业法	红外成像法	超声波探测法
巡查方式	人工攀爬，拍摄测量	红外热成像图	超声波
设备	升降机/缆绳+摄像设备+测量设备	红外热成像设备	超声波探测仪

续表

属性	高空作业法	红外成像法	超声波探测法
评估指标	内壁腐蚀情况	内壁腐蚀深度及受损情况	内壁腐蚀深度及腐蚀面积
缺陷	威胁人身安全、耗费时间较长、作业成本较高	精确度受机组状态影响、具有不稳定性	可实现局部区域巡查

从表 5-4 统计可知，传统烟囱内壁腐蚀检查方式存在较多缺陷，不利于提高巡检灵活性、高效性及智能化。同时，结合目前在烟囱内壁腐蚀检查中，只有大约 20%的烟囱检查需要进行人工维护作业，80%可通过远程可视数据满足巡查需求，主要利用无人机进行烟囱内壁腐蚀巡查作业，并根据采集的远程烟囱数据进行内壁腐蚀监测与烟囱状态评估。这种方法适用于大多数烟囱内壁腐蚀检查维护作业场景，能够提高作业效率和安全性，实现巡查作业数字化、智能化。

烟囱内壁腐蚀检查无人机主要由机载设备、灯光、飞控板、高分辨率摄像头、气压计测高度模块、运算平台、超声波测距模块、热成像仪以及 GPS 等组成，其作业流程如下。

1. 设计航拍方案

结合烟囱内部实际环境设计航拍方案，确保摄像装置的采集帧率与无人机的飞行速度相匹配，避免出现图像卡帧或者漏拍问题。

2. 控制飞行

无人机从烟囱底部起飞，上升至烟囱顶部为止。在飞行过程中，结合 GPS 和超声波测距模块控制无人机在烟囱内部的飞行路线，实现精准操控与定位。

3. 数据采集及建模

通过热成像仪和摄像头采集图像数据，并利用三维重建技术对烟囱进行三维建模，以便实现对烟囱的巡查。

与人工巡查相比，使用无人机巡查烟囱内外壁能够大幅提升巡查效率和缩短巡查时间。同时，采用图像三维建模技术查看烟囱，不仅能够避免人为主观因素对巡查的干扰，还可以提升烟囱内壁腐蚀检查效率。

烟塔巡检无人机的核心功能有图像校正检测、三维建模、定位算法等，其中，图像校正检测主要用于对无人机采集的图像进行畸变校正与检测，方法有无人机航摄图像的畸变校正、筒壁混凝土钢筋配置检测、损伤检查、材料强度检测等；三维建模是根据烟囱内部结构的颜色、纹理等几何形态构建烟囱的实景三维模型；定位算法则包括水平位置解算和高度位置解算，主要用于测算无人机在烟囱中的巡查位置。

5.2.1.4　风电机组巡检无人机

风电机组叶片巡检无人机的核心是无人机系统，以某型风电机组叶片巡检无人机为例（如图 5-10 所示），其采用的是六轴旋翼无人机，可通过视觉图像识别技术进行风电机组叶片巡检，实现风电机组叶片巡检智能化、管理高效化。

风电机组叶片巡检无人机的巡检作业流程可以概括为以下几步。

图 5-10　风电机组叶片巡检无人机

1. 无人机检查

人员携带设备达到检测目的区域并完成设备自检。

2. 起飞操作

将风电机组停机呈倒 Y 形，并将无人机放置在风电机组附近的平坦空地，并操作起飞。

3. 作业

无人机在飞行中，将利用视觉信息与激光雷达信息进行融合计算，实现飞行高度、方向和风电机组轮毂导流罩中心点识别（如图 5-11 所示）。之后，人员操作无人机依次对三支叶片进行图像采集。

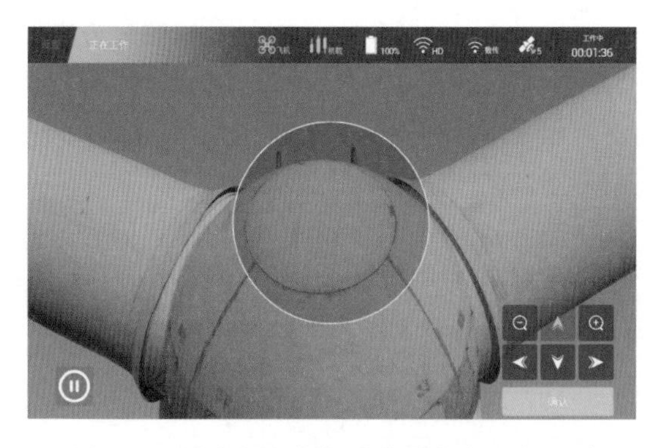

图 5-11　风电机组轮毂导流罩的中心点识别

4. 降落

作业结束后，无人机将返回起飞点，并安全降落。

风电机组叶片巡检无人机除控制和定位技术外，还有基于图像处理的叶片缺陷识别技术，如图 5-12 所示。

具体流程是，先采用深度学习算法中的语义分割模型进行叶片背景分割；再通过模型训练进行模型二分类，即利用无缺陷图像和有缺陷图像进行正负样本训练，并使用训练好的模型进行叶片缺陷区域的自动识别与检测。

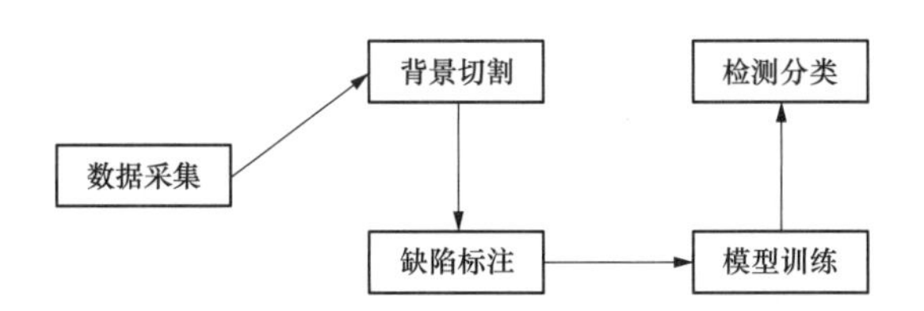

图 5-12　叶片巡检无人机图像识别技术流程

5.2.1.5　光伏发电巡检无人机

近年来，国内的光伏发电产业已经达到一定的规模。大面积光伏组件与复杂安装，使得光伏巡检工作难度提升。作为光伏发电系统的核心部件，光伏面板长期暴露在自然环境中，会出现遮挡、破损、裂纹等缺陷情况，进而影响发电效率。只有及时发现缺陷并修复，才能够保障电站的安全运行。传统的方法是通过对光伏面板的电流进行检测，当发电功率出现异常波动时，面板则可能存在缺陷故障。这种方法虽然能够对一定范围内的光伏电站进行检测，但存在检测效率低、劳动强度大、准确度低的问题。为此，可利用无人机代替人工进行巡检工作。目前，主要采用旋翼无人机通过空中悬停采集图像的方式，对光伏面板进行故障检测。

光伏板巡检无人机（如图 5-13 所示）主要是由多旋翼无人机、相机、环境感知系统、远程监控系统和智能应用系统等组成。其中，多旋翼无人机作为巡检载体，为设备与系统提供空中平台；相机则是用于采集图像，为后期缺陷识别提供数据来源；环境感知系统主要是提供外界环境的风速、温度、湿度以及设备实时状态信息；远程监控系统则用于网络通信，实时回传采集数据和机体状态数据；智能应用系统是结合人工智能、深度学习等算法进行巡检路径规划、缺陷识别、飞行定位、故障跟踪等功能的实现。

图 5-13　光伏板巡检无人机

光伏板巡检无人机的核心功能主要包括以下几种。

1. 位姿测量

位姿测量技术分为外部视觉方法和内部视觉方法。其中，外部视觉方法是利用动作捕捉系统测量无人机实时位置与姿态，而内部视觉方法则是利用机载传感器来获取实时位置。

2. 故障检测

热成像图像（如图 5-14 所示）是光伏面板检测的重要判断依据，其能够提供环境信息和背景成像，并辅助区分正常工作的光伏组件和带有热斑的不良光伏组件，进而为后期检测提供数据基础。

图 5-14　光伏巡检无人机获取的光伏板热斑图像

3. 地图绘制

无人机航拍图像的地图绘制包括使用即时定位与地图构建 SLAM，即并发建图与定位的方法，进行地图绘制。该方法是将机器人放在未知环境，通过移动和位置估计来逐步绘制周边环境，进而得到地图。SLAM 多数采用双目视觉或激光扫描，以点云形式呈现地图。

5.2.1.6　电网巡检无人机

在传统的电网输电线路巡检中，主要采用人工观察和设备检测组合的方式，来实现地面或高空中的输电线路运维与检修工作。这种方式不仅劳动强度大，还受外界条件制约，存在作业安全风险大、巡检效率低、巡检质量参差不齐的缺陷。为了有效解决上述问题，并实现输电线路巡检工作的自动化与智能化，目前主要通过研制与应用电网巡检无人机来提升巡检质量，增强巡检工作在大电网安全生产中的适用性。

电网巡检无人机主要由多旋翼无人机飞行器（Unmanned Multi-Rotor，UMR）和地面支持系统（Ground Station System，GSS）组成，具有高续航、高效率、低风险和低成本的特性。其中，UMR 是多旋翼无人飞行器系统的主体，其具备机载电源、任务设备和飞行控制系统等重要组件，可根据作业需求和实际外界条件对部分组件进行优化选择，如图 5-15 所示。

在飞行中，UMR 先利用惯性导航单元 IMU 和 GPS 模块等导航组件进行差分定位与姿态信息获取，再使用飞行控制计算机发布控制指令来驱动旋翼组件进行遥测导航，最后通过图像采集任务设备将拍摄的多角度、全方位输电线路图片传至 GSS 进行缺陷智能诊断与识别。同时，机体搭载防碰撞预警系统，能够实时监测 UMR 与输电线路的距离，

图 5-15 电网巡检多旋翼无人机

确保 UMR 在安全距离内的高质量作业，降低无人机撞线风险。

地面支持系统 GSS 作为输电线路巡检作业的数据分析平台，其能够利用遥控遥测系统、远程图像数据传输系统、实时监控系统和输电线路巡检图像诊断系统等技术，在地面端对 UMR 发送遥控命令，实现飞行器的实时监控。同时，也能够对 UMR 采集的图像信息进行快速接收与分析，并通过图像处理技术、人工智能算法识别、提取图像中的输电线路，实现高效率线路缺陷诊断（如电力线塔绝缘子的提取与缺陷诊断等），如图 5-16、图 5-17 所示。

图 5-16 输电线路提取示意图

图 5-17 输电线路绝缘子缺陷识别图

5.2.2 面向高空检测类作业任务机器人

5.2.2.1 锅炉水冷壁检测爬壁机器人

锅炉水冷壁的缺陷通常有积灰、结渣、磨损和腐蚀等，其严重影响了锅炉的安全运行。因此，需对锅炉水冷壁进行定期检测，降低水冷壁管在运行期间发生破损的概率。目前，检修作业是人工完成，这种方法不仅工作效率低，还存在检修成本高、劳动强度大的问题。因此，针对上述问题，使用爬壁检测机器人进行锅炉水冷壁检测具有广泛的应用范围与价值。

锅炉水冷壁检测爬壁机器人主要由机械本体、控制模块、检测模块、定位导航系统以及作业管理系统等部件组成。机械本体主要包括驱动机构结构、磁吸附结构以及电源等部件；控制模块用于控制爬壁机器人的运动轨迹；检测模块用于采集图像、收集信号；定位导航系统用于位置估计与姿态感知；作业管理系统是管理水冷壁状态数据库，并利用信息系统完成远程操作。

锅炉水冷壁检测爬壁机器人的核心功能主要有壁面运动、检测作业、定位导航以及作业管理等。

1. 壁面运动

针对锅炉水冷壁大型结焦结渣区域、地面凸起等复杂地势，爬壁机器人需进行判断，对于可跨越高度则执行越障移动，对于不可跨越的区域则暂停移动，重新规划路线，进行移动。同时，在水冷壁四周垂直墙角进行自然切换，实现从爬壁机器人在壁面的快速切换，缩短检测时间和工作量。

2. 检测作业

首先，经过非接触式的复合检测方法，对现有缺陷进行直接检测，同时，对微观缺陷也要进一步探查，及早发现潜在缺陷，增强检测的预防性作用；其次，将水冷壁管内外壁缺陷信息实时回传，并提供相位、幅度值、绝对与差分信号波形、立体管状等图像来实时读取水冷壁管减薄量和缺陷长度、位置等信息；最后，在检测到缺陷后，将荧光剂喷涂在有缺陷的壁面上做好标记，并形成数字化记录单，便于作业人员高效定位缺陷位置，完成检修工作。

3. 定位导航

针对锅炉水冷壁检测爬壁机器人在磁密闭空间的定位问题，首先，将锅炉设计图纸与点云结合构建锅炉炉膛内部的高精度地图模型，用于为机器人提供绝对位置坐标，如图 5-18 所示；其次，通过激光、双目视觉和惯性导航等系统，得到相对位置坐标；最后，将绝对坐标和相对坐标信息结合，获取实时定位信息。

4. 作业管理

作业管理主要利用建立的水冷壁检测数据库，实现检测结果信息化、标准化，进而能够在实际检测中，引导机器人对重点巡查部位进行针对性检测作业，进而提高检测效率和作业安全性。

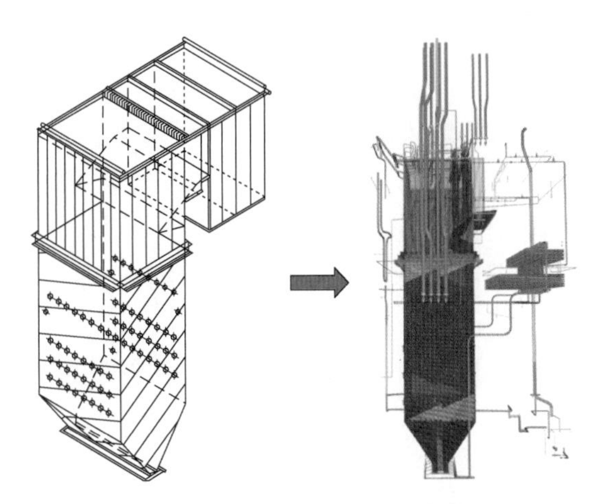

图 5-18　炉膛三维数字化地图示意

在锅炉水冷壁检测全能型爬壁机器人（如图 5-19 所示）的应用中，其可在水冷壁壁面区域自由运动，搭载多种功能模块，实现从清灰除焦到标记修复整个检测生命周期的作业任务。锅炉水冷壁检测全能型爬壁机器人由检测单元（利用环境相机对锅炉整体环境进行检测）、清灰除焦单元（高压水清除锅炉内壁上积灰和结焦）、测厚/探伤仪（搭载高精度测厚/探伤仪）、模块化驱动单元（集成电机、减速机、永磁铁等部件作为机器人驱动系统，可在水冷壁上自由行走）四大模块组成。其具有十大核心功能。

图 5-19　锅炉水冷壁检测全能型爬壁机器人

（1）高空作业无人化、可视化，实现远程控制。高空作业无人化能够彻底避免人身事故；作业远程监控可视化，可实时线上控制机器人前进、后退等运动姿态，保障机器人的灵活、平稳运动。

（2）导航定位管理。导航定位管理利用锅炉炉膛三维数字化地图，进行定位与导航，利用待检测的锅炉水冷壁管壁相对位置、厚度等状态信息与三维数字化（轨迹）模型系统匹配，无差异则融合形成定位信息。

（3）结果可视化分析。可实时并行处理大量检测数据，实现检测数据电子化、三维可视化，并有效反映水冷壁管厚度分布，为火力发电厂提供数据保障。

（4）缺陷标记，自动清洁。自动标记缺陷部位，作业过程中可自动进行水冷壁清洁。

（5）越障性能佳。拥有仿形定位轮及独立悬挂系统，具备较强适应性、大范围检测的越障能力。

(6) 检测方式多样化，作业成本低。具备点式测量、连续测量工作模式，可宏观检测、精准定位与测量，整体效率高，成本低。

(7) 安全可靠，操作简便。机体轻量化设计，具有可靠吸附、稳定行走、防水、耐高低温的特性。同时，操作简便，易学习。

(8) 维修指导。通过检测结果分析，并结合历年检修记录，给出本次维修指导，指导维修人员精准维修。

(9) 检修档案动态管理。可统计历年检修结果，并进行可视化分析，给出锅炉故障规律，用于辅助检修工作。

(10) 清灰除焦。锅炉水冷壁检测机器人通过搭载高压水清洗系统来清除锅炉内部水冷壁上结焦、积灰，实现检测时间、检测费用的降低，同时，增大检测范围，提高检测精度，实现检测数据化、信息化，使得机组更加可靠、安全。

5.2.2.2 风电机组叶片检测爬壁机器人

作为风电机组的重要零部件，风电叶片在风电运维工作中的占比较高。其主要存在人工检测覆盖面积小、精度不稳定以及成本高等问题。目前，对于风电机组叶片的检测，主要利用叶片检测机器人通过摄像头采集风电机组叶片表面数据，并结合超声扫查装置（如图 5-20 所示）或者涡流探伤装置进行叶片检测，并将检测结果实时传送至平台，实现检测。相较于通过人工凭借特种登高设备和丰富工作经验对风电机组叶片进行抽检检测的方式，叶片检测机器人检测时间更短、更高效。

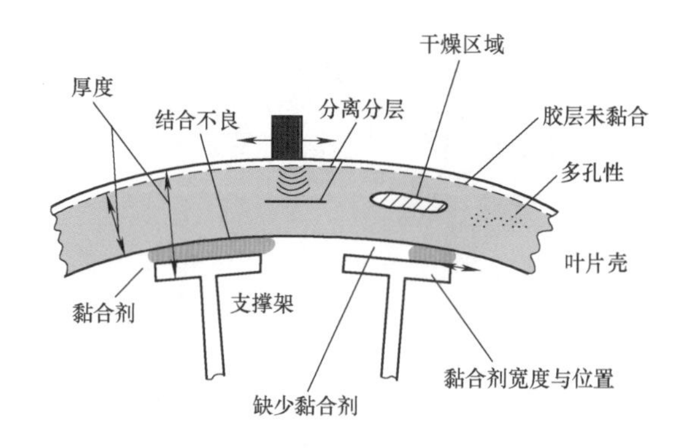

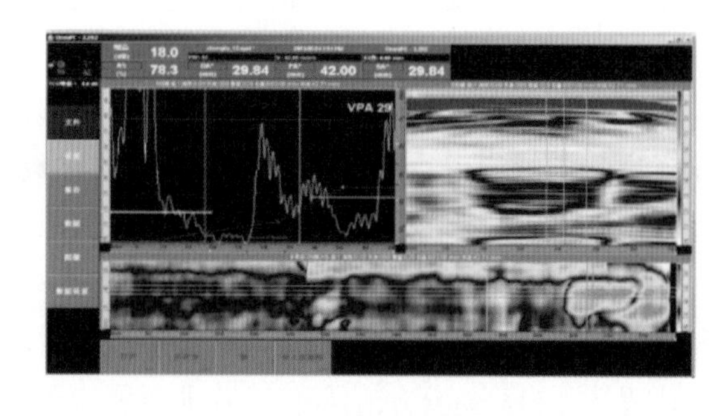

图 5-20 运用相控阵超声检测风电机组叶片的方案

叶片检测机器人核心功能主要有以下部分。

1. 吸附功能

机器人要在不同曲率半径的叶片表面上具备吸附稳定性，能够在多种位姿姿态中，保持运动平稳或静态吸附，降低脱落风险。

2. 移动功能

机器人要与塔筒壁面保持面积接触最大化，具备足够的摩擦力，使得机器人能够在风电塔筒表面进行多方向稳定爬行，即多维度前进、后退和转向。

3. 驱动功能

由于风电机组塔筒壁面垂直高度过高，因此，为确保叶片检测机器人能够有效承载自身机体、检测装置和线缆等辅助设备的重量，需给叶片检测机器人搭配足够扭矩的电动机作为驱动动力，使得机器人能够在任意姿态下均拥有充足动力进行移动。

4. 越障功能

针对风电机组塔筒壁面存在凸起焊缝的问题，叶片检测机器人需具备优良的越障能力，确保机器人能够移动过程中平稳越障，提升作业安全性。

5.2.3　面向高空维护类作业任务机器人

5.2.3.1　储油罐除锈喷漆机器人

火力发电厂的油罐主要用于给锅炉提供燃油，实现锅炉点火、低负荷稳燃和冲管的需求，如图 5-21 所示。在大型油罐防腐维护工作中，除锈是至关重要的作业环节。

图 5-21　储油罐实景

目前，对于油罐的防腐维护工作主要以人工为主，其利用喷砂或磨光机对罐体进行除锈，这种作业方式不仅繁琐、低效，还会使人员长期处于有毒、有害的作业环境中，严重损害人员身心健康。同时，人工作业还存在高空作业风险，需要通过搭设脚手架或高层吊篮式作业平台来进行维护作业，需要耗费大量的人力、物力和财力。因此，开发、使用磁吸附爬壁机器人替代人工作业的方式不仅能够显著提高油罐等曲面的除锈、喷漆效率，还可以确保作业质量，实现精准定位操作，降低人工作业重复性。同时，远程操控的方式，也可以避免油漆等有害气体对人员身体健康的影响，降低意外事故发生频率，保障维护作业安全。

图 5-22　储油罐除锈喷漆机器人结构图

储油罐除锈喷漆机器人主要以轮式移动为主，其可在曲形壁面上较为灵活地移动，具有控制便捷、工作较稳定的优势。虽然，轮式结构与壁面接触面积小，存在摩擦力不足的问题，但可通过优化吸附装置、增加吸附力、机体轻量化等设计方案来解决上述缺陷。以三轮式爬壁机器人为例，如图 5-22 所示。

三轮式爬壁机器人由两个高精度驱动轮和一个从动轮组成，其利用两个电动机和减速器对驱动轮进行单独驱动，从动轮则可以置于车身的前方和后部。三轮式爬壁机器人的转向由两驱动轮的速度差决定，可通过两个电动机对轮体控制速度差异化来实现机器人的多方位运动。三轮式爬壁机器人虽具有结构简单、运动灵活的特性，但其对驱动系统具有较高的要求，需确保驱动系统对两驱动轮的精准操控，即要求驱动系统具备足够的操控精度和平稳的动态性能。虽然，三轮式爬壁机器人在结构上可以与罐体实现完全贴合，能够灵活移动、转弯，但其稳定性较差，驱动系统比较复杂，缺乏移动直线性。除三轮式爬壁机器人外，还存在四轮结构除锈机器人，其通过两个电动机或四个电动机进行驱动，车体具有较高的稳定性、移动直线性以及较强的移动平台负载力。因此，在实际环境中，可选取四轮式机器人移动平台，确保机器人的工作稳定性、环境适应性，增强爬壁移动的安全性。

5.2.3.2　灰库清理机器人

火力发电厂灰库智能清理机器人整体结构如图 5-23 所示。

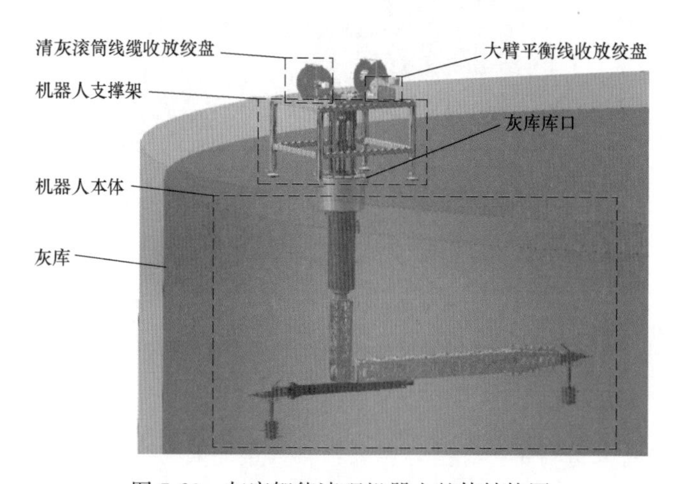

图 5-23　灰库智能清理机器人整体结构图

其中，辅助安装模块位于库顶安装孔，用于固定机器人和辅助拆装；水平回转关节与竖直回转关节用于实现机械在灰库内部全范围回转作业和状态切换；清理末端则用于清灰；智能绞盘控制系统部分主要包含工控机、信号采集、视觉信息采集和运动控制系统等重要结构；控制箱主要用于远程操控机器人，完成灰库清理任务。上述结构不仅能够动态感知库内积灰状态，还可以突破机器人清灰末端轨迹规划难题，提升机器人的作业效率，实现清灰智能化。

灰库清理机器人核心功能主要有五个方面，分别为库内高效清理、自主运动规划、精确环境感知、库壁状态评估、智能作业管控，各功能具体要求如下。

1. 库内高效清理

灰库机器人可搭载多种清理模块，进行不同模式的灰库作业，实现灰库全方位高效清理。

2. 自主运动规划

灰库机器人以作业模式最优化规划作业路径，增强不同清理模块的自主性，实现灰库机器人在库内的避障能力。

3. 精确环境感知

灰库机器人能够利用激光雷达、深度相机、超声避障、激光测距等技术，实现灰库机器人对弱光、粉尘作业环境的精准感知。

4. 库壁状态评估

灰库机器人能够有效识别库壁黏结物，并对库内结构进行三维重构，为库壁状态评估提供科学依据。

5. 智能作业管控

灰库机器人控制系统能够实时显示机器人各种参数与感知信息，能够为操作人员提供操作便捷性。

5.2.3.3　风电机组塔筒除锈喷漆机器人

风电机组塔筒维护机器人（如图 5-24 所示）旨在替代人工作业，解决风电机组塔筒表面清洁、除锈、喷漆等维护工作。由于风电场通常建设在环境恶劣的野外，因此，机体长期经受风吹日晒、盐碱侵蚀，进而出现脱漆、生锈等现象，严重影响风电机组的安全和美观度。

图 5-24　风电机组塔筒维护机器人

传统的风电机组塔筒清洗和维护工作以人工作业为主，这种方式不但存在安全风险，还具有较大的劳动强度和较长的作业周期，需要耗费较大维护成本。目前国内风电场使用机器人进行维护工作还处于小规模试验与应用阶段，以磁吸附爬壁结构为主，通过履带装置或磁吸附轮组进行爬壁移动，并结合多种传感器来采集信息和操控作业。例如，风电机组塔筒维护机器人可利用高清摄像头用于采集塔筒表面状况，而清洁、打磨、喷漆装置则能够清洁塔筒表面，实现壁面除锈和上漆，涡流检测装置和电磁超声装置则用于裂纹检测和壁厚测量。

风电机组塔筒机器人核心功能主要有以下几点。

1. 灵活磁吸附功能

风电机组塔筒清洁机器人可在磁吸附履带或者轮组中加入可变磁路机架来增强机组对不同曲率表面的磁吸附适应性，如图 5-25 所示，主要通过两组磁吸附履带之间可调节的滚动轴承机架来实时调整机器人的吸附面积，降低机器人因吸附面曲率过大而出现部分磁吸附轮组或履带接触面积过小，发生高空坠落的现象。

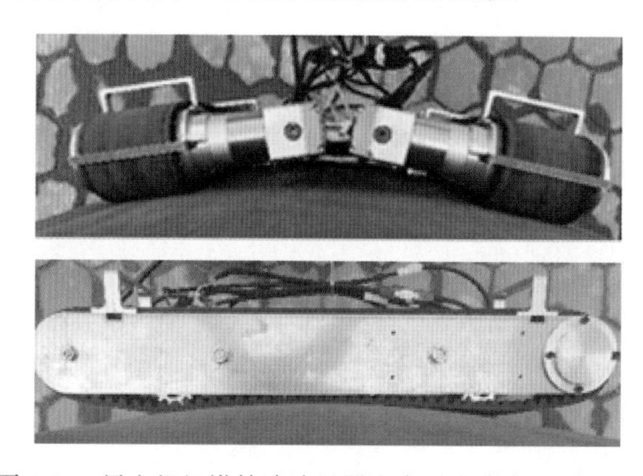

图 5-25　风电机组塔筒清洁机器人自适应曲率可调机架图

2. 高适应性转向爬行力

风电机组塔筒清洁机器人可采用间隙式永磁吸附履带，解决机器人在曲率平面上的转向适应性问题。风电机组塔筒清洁机器人在曲面转向中，主要采用变磁调节机构来调整履带磁吸附模块的吸附力，即当机器人转向时，可通过变磁调节机构中的拨杆改变磁极方向，使履带磁吸附模块发生状态切换，由贴合壁面状态转为磁短路状态。这种方式不仅能够实时调整机器人的吸附力，还降低了电动机负载，有助于实现风电机组塔筒清洁机器人的机体轻量化。

5.2.3.4　架空输电线路除冰机器人

架空输电线路除冰机器人主要用于清除输电线路上凝结的冰雪，其具有效率高、作业风险低、成本低等优点，能够降低因冰雪覆盖所导致的输电线路断线抽丝、杆塔倾斜倒塌，以及绝缘子闪络等事故发生频次，进而减少地区线路跳闸次数和大面积停电现象，给当地居民的生产和生活带来保障，为电网平稳运行提供运维基础。

目前，架空输电线路除冰机器人有多种类型，包括单体除冰机器人和可越障除冰的两臂除冰机器人、三臂除冰机器人等，如图 5-26 所示。

图 5-26　架空输电线路除冰机器人示意图

架空输电线路除冰机器人的结构主要由 4 部分组成，分别是驱动系统、控制系统、执行机构和检测装置。其中，驱动系统采用悬挂式行走结构，通过电动机驱动机器人在输电线路上自由行动；控制系统则是通过使用地面终端设备与机器人进行远程通信，实现对机器人的操控与作业状态监测；执行机构采用电动机驱动除冰装置进行线路除冰；检测装置主要通过激光和光敏传感器采集输电线路的实时图像，并对其覆冰程度进行分析、展示。

在除冰机器人设计过程中，涉及的关键技术主要有机器人运动伺服控制技术、自主导航与避障技术、除冰技术和动力供给技术等。其中，机器人运动伺服控制技术主要用于控制除冰机器人的运动和除冰动作；自主导航与避障技术则用于辅助机器人识别障碍（如防振锤、悬垂绝缘子、线夹等），并根据实际情况生成局部越障策略，使得机器人能够精准跨越障碍物进行持续作业；除冰技术包括击打式除冰、冲击式除冰和铣削式除冰等方式，主要通过电动机带动削刀或者冰刀等设备来击碎输电线路凝结的冰雪，进而实现除冰功能；动力供给技术旨在研制大容量、小体积的机器人能源动力系统，其需根据除冰机器人在不同工况模式下的动力需求，进行优化设计，确保除冰机器人的作业动力平稳持续，进而实现除冰作业的效率与质量有效提升。

5.3 面向高空作业的智能机器人技术趋势分析

5.3.1 面向高空巡检类机器人技术趋势

由于高空巡检类智能机器人一般需要具备空中长距离或大范围跨越飞行的特性，因此，方案设计大多以多旋翼无人机为主要载体，结合人工智能算法，如计算机视觉、机器学习、深度学习等来对无人机巡检过程中传回的可见光或红外视频图像进行高效处理，实现目标部件异常情况（如裂纹、热斑、破损、变形等）的有效检测。这种巡检方式不仅能够降低巡检人员在长距离、大面积巡检区域的劳动强度，还能够提高高空巡检作业的安全性、便利性，缩短了高空巡检、设备监测、数据分析的工作周期，使得高空巡检实现从传统人工向智能化、无人化巡检的转变，有效提升了巡检效率。

以无人机为主结构形式的高空作业机器人应用虽然具有广泛应用价值，但也在作业过程中面临诸多问题有待解决。因此，其发展方向与技术进步趋势可从以下几点进行考虑。

（1）提升、构建多架无人机协同联合巡检方式，并进一步强化单一无人机的作业效率，实现巡检精确性的提升。

（2）无人机与地面智能机器人协调工作，实现双向通信，通过无人机指导地面智能机器人复查异常作业区域，及时发现缺陷，降低生产风险。

（3）针对室外作业中多变的气候，克服、增强无人机在雨、雪、强风、低温等环境中飞行稳定性，拓展高空作业智能机器人的适用性。

5.3.2 面向高空检测类机器人技术趋势

高空检测类智能机器人主要利用磁吸附或者真空吸附等爬壁方式在管壁、罐壁、筒壁、库壁、风机机组叶片等竖直壁面上对高空中的设备零部件进行高效检测。在高空检测类作业中，由于待检测的壁面通常存在形态复杂、多变的问题，进而影响了智能机器人对检测目标尺寸、缺陷类型等属性的精准识别，增加了测量不确定性。因此，其技术进步方向可以从以下几点考虑。

（1）针对磁吸附爬壁机器人在复杂壁面形态中的适应性问题，即爬壁机器人在大曲率储油罐中曲面转向、在螺旋水冷壁稳定吸附爬行等难题中，需要继续深入研究、分析磁吸附材料在不同磁通环境中的磁力密度变化，进而有效解决提升爬壁机器人的吸力稳定性。

（2）由于风电机组叶片为玻璃纤维增强树脂，不具备磁吸附条件。因此，需要优化真空吸附技术，实现其在复杂曲面中的平稳爬行，进而提升高空检测类机器人的检测精确度和工作效率。

（3）需利用、优化无损检测方式，增强高空作业机器人的机械结构稳定性，解决爬壁过程中因抖动造成的测量精度不稳定、测量工作反复等问题。

5.3.3　面向高空维护类机器人技术趋势

大部分的高空维护类机器人在面向电力行业的高空作业类任务中，具有工艺要求高、流程复杂、依赖人为经验等特性。因此，当前此类型机器人一般具备一定程度的拟人化和自由度，需要结合实际场景设计复杂的形态结构，如用于灰库清理的机械手臂等。对于该类型的智能机器人可从以下几点进行技术优化。

（1）虽然高空维护类智能机器人存在较多定制化方案，用于降低高空作业的人员安全性风险、减少脚手架搭建时间、缩短工期。但其极高的定制化特性使得此类机器人在相同应用场景中，需对同类不同样的设备进行定制化设计，进而削弱了高空维护类智能机器人的适应范围。因此，仍需进一步探寻、研发新技术，提升机器人的适用性，减少工作重复度。

（2）需克服外界复杂结构对机器人设计的影响，如灰库释放孔偏心、储油罐曲面的环形焊缝等。

5.4　本 章 小 结

本章从高空作业任务场景出发，根据具体任务类型的差异化，归纳出高空作业任务的三大方向，即高空巡检类、高空检测类以及高空维护类作业。这三个方向作业需求的不断提升促进了高空作业智能机器人的生产与优化。

目前，面向高空作业的智能机器人可分为高空巡检类机器人、高空检测类机器人和高空维护类机器人。其中，高空巡检类机器人主要以无人机为载体进行高空巡检类任务，高空检测类机器人主要利用底盘吸附技术完成在设备、设施竖直壁面上的检测任务，高空维护类机器人则运用复合式结构完成特定高空类维护任务。三类智能机器人的优势在于其有效解决了人员在高空环境中的作业风险，提升了安全性，弥补了人员和设备在高空环境中工作不便的先天缺陷。因此，运用智能机器人的措施方案具有广阔前景和应用价值。

另外，本章末也提及了这三类高空作业机器人所面临的不足以及技术发展趋势，表明仍需对高空作业智能机器人机体结构进行不断升级、改造，并要进一步深入探究，结合联队巡检、地空耦合等多种控制方式及相关耦合技术来辅助机器人进行高空作业，从而实现巡检有效性、测量精确性、维护可靠性等相关指标的提升，使得，智能机器人具备更为广泛的适用性。

第6章
面向电力行业地（水）下作业的智能机器人

6.1 面向地（水）下作业的智能机器人特点和关键技术

面向地（水）下作业的智能机器人根据任务需求可以划分为地下巡检类智能机器人、水下巡检类智能机器人以及水下维护类智能机器人。地下巡检类智能机器人多采用挂轨式方案，沿固定轨道开展沿途管线泄漏、火灾隐患排查等作业。水下巡检类智能机器人多为潜游式机器人，通过搭载视觉传感器等检测设备在水下作业场景开展缺陷检测作业。水下维护类智能机器人多采用复合式机器人，通过在机器人上安装相应的复合机械臂完成水下打捞、清理、修复等工作任务。在当前电力行业地下维护类智能机器人应用较少，故本章不做相关论述。

地（水）下巡检类智能机器人在海底工程以及核电工程中得到广泛的运用，包括对处在地下或深水区域的管道、缆线、设备、传感器等进行缺陷检查，运行状态监视等。地（水）下智能机器人在地下或深水区域开展作业，尤其是面对可能存在的环境复杂、封闭缺氧、含放射性等恶劣的条件时，地（水）下巡检类智能机器人能够发挥其最大优势，更能突显其代替人工作业的重要性。

相比于地（水）下巡检类智能机器人，水下维护类智能机器人的任务需求更加复杂，需要执行对管道、线缆、设备、传感器等对象的安装、修复等操作，并且可能涉及执行拟人化的操作，如对水下物体的抓取、移动等。因此，水下维护类机器人的功能设计、控制更加复杂。

电力行业中地下巡检类机器人的技术特点与地面巡检类机器人基本一致，但由于所处地下环境的影响，地下巡检类机器人需要克服密闭空间对定位、导航的影响。相比于地面作业类机器人，水下作业对机器人的姿态控制、定位以及机器人本体的防护要求更高。水下机器人研发所涉及的专业学科多达几十种，技术挑战更为突出，例如：水下机器人内部有众多电子元器件，容易受到水体侵蚀导致设备故障，需要解决设备的密封性问题；各种水声传感器普遍存在精度较差、跳变频繁的缺点；要解决设备在水下的平衡能力；水下环境对摄像头、无线通信等设备的可靠性也提出了更高的要求。

针对机器人在水下环境的任务需求和工作特点，水下机器人的主要关键技术应包含控制、导航、能源、通信以及视觉感知等五个方面。

6.1.1 水下机器人的控制

1. 控制层次

水下机器人的控制可以分为三个层次。

（1）决策规划层。根据作业目标和作业环境作出决策和规划的控制，它主要包括任务规划、轨迹规划、导航控制、容错控制、多机器人协同控制、避障控制等。

（2）姿态控制层。水下机器人的运动与姿态控制的目标是实现精确的轨迹跟踪和平稳的探测姿态，它是上一层决策规划实现的基础。

（3）环境感知层。包括机器人对环境的感知及传感器信号的分析处理等。

2. 水下机器人的控制方法及策略

水下机器人的控制方法主要包括不依赖动力学模型控制和基于动力学模型控制两种。不依赖动力学模型的控制方法是在不建立机器人动力学模型的情况下，利用单一控制，如线性 PID、模糊控制等，或复合控制将多种单一控制方法整合，以实现机器人在水下的运动、姿态控制，但是这种控制方法实现难度大，需要综合考虑多种影响因素。基于动力学模型的水下机器人控制方法，首先需要建立水下机器人的规范坐标系，然后建立水动力学模型，其中水动力学系数是水下机器人动力学模型建立的关键，再根据水下机器人动力结构建立其动力学模型，最后采用合适的控制策略实现水下机器人的运动调节，保证其水下运动的稳定性。由于水下环境的非线性水动力学性能，难以获得精确的水动力（阻力）系数，而水动力学系数是水下机器人动力学模型建立的关键；而且机器人在水下运动受到的水流干扰是随机和时变的，负载变化及机械臂动作也会影响机器人本体的运动学特性，这些因素均使得水下机器人的动力学模型难以精确建立。

水下机器人容易因自身运动条件和所处的环境引起控制效果变差，因此，机器人的控制系统必须具有更强的自调节能力和鲁棒性。目前，主流的水下机器人控制策略有滑动模态控制、非线性控制、自适应控制、人工神经网络控制、模糊控制等。

6.1.2　水下机器人的导航

由于水下机器人非线性动力学特性及水介质的特殊性等因素的影响，实现水下机器人的远距离及长时间、大范围内的精确导航是一项艰难的任务。

目前主要的两类导航方式是基于外部信号的非自主导航和基于传感器的自主导航。非自主导航包括北斗、罗兰、欧米加、GPS 等，罗兰、欧米加导航精度低、覆盖面积有限，而北斗、GPS 具有全球较高精度的定位导航能力。这些基于无线电的导航方式，由于电磁波在水下快速衰减的特性，导致其在水下机器人的应用受到很大限制。自主导航是指依靠水下机器人自身携带的装备如惯性测量装置（IMU）、声换能器阵列、地形匹配或地磁传感等手段完成导航。

目前应用的水下导航技术主要有以下五种，其中地球物理导航和组合导航对于电力行业的水下机器人作业应用较少。

1. 惯性导航系统

惯性导航系统是利用惯性敏感元件（陀螺仪和加速计）、基准方向及最初的位置信息来确定运载体的方位、姿态和速度的自主式航位推算系统。惯性导航系统可分为两种：平台式惯导系统（Platform Inertial Navigation System，PINS）和捷联式惯导系统

(Strapdown Inertial Navigation System，SINS)。常见的惯导系统为环形激光陀螺导航仪（RLGN)、光纤陀螺导航仪（FOGN)。

2. 推算导航

推算导航是根据已知的航位以及水下机器人的航向、速度、时间和漂移来推算出新的航位。用于航向测定的仪器主要有磁罗经、电罗经和方向陀螺；用于航速航程测量主要是多普勒声呐测速（Doppler Velocity Log，DVL)＋扩展卡尔曼滤波器（Extended Kalman Filter，EKF)，如德国生产的DeepC。

3. 声学导航

依据定位覆盖范围、定位精度要求，声学导航可以分为长基线（LBL)、短基线（SBL)、超短基线（USBL）导航。长程超短基线（LR-USBL）定位系统是水声定位结合其他导航手段形成的定位技术。

4. 地球物理导航

根据预先测得的精确的环境测绘图，即不同地理坐标的地球物理参数（如深度、磁场、重力）分布图，进行匹配导航。可应用的地球物理导航技术有基于地磁的导航、基于重力场的导航、基于等深线的导航方法等。但在实际工程应用中，要得到水下机器人所在工作区域最新的、高质量的地球物理参数测绘图，是非常困难的。

5. 组合导航

每一种单一的导航方法的精度、可靠性都还无法完全满足远程水下机器人发展的需要，因此，成本低、组合式、具有多用途和能实现全球导航的组合导航，将是远程水下机器人未来导航技术的发展方向。

6.1.3 水下机器人的能源

水下机器人根据控制方式可分为自主水下机器人（Autonomous Underwater Vehicle，AUV）和有缆遥控水下机器人（Remote Operated Vehicle，ROV)。自主水下机器人由自身携带的能源供电，可在水下自主航行，能执行较大范围巡检探测任务，但受限于自身携带能源的容量、负载能力和通信手段，机器人的作业时间、数据实时性、作业能力有限。有缆遥控水下机器人依靠脐带电缆提供动力，可在水下长时间作业，数据实时传输稳定，作业能力较强，但受脐带电缆限制，其作业范围有限。

有缆遥控水下机器人可以通过调整脐带电缆规格、提高供电电压等级来增强作业能力。自主水下机器人主要以电池为动力来源。

水下机器人常用电池性能种类和性能对比如表 6-1 所示。质量能量密度为电池的能量与其重量的比，表示单位质量电池中储存能量的大小。体积能量密度为电池的能量与其体积的比，表示单位体积电池中储存能量的大小。

锂电池具有质量轻、容量大、无记忆效应、可重复利用等优点，但价格相对较贵。燃料电池是一种将氢和氧的化学能通过电极反应直接转换成电能的装置，优点是可靠性高、工作时无噪声、无尘埃、无辐射，而且质量能量密度和体积能量密度均优于其他常用种类的电池。

表 6-1　　水下机器人常用电池性能种类和性能对比

电池种类	质量能量密度（Wh/kg）	体积能量密度（Wh/L）
质子交换膜燃料电池	≥750	≥1000
铝氧电池	280～300	300～500
锂电池	100～150	300～450
银锌电池	100～120	150～200
钠硫电池	100	120～180
镍镉电池	40～50	100～150
铅酸电池	20～30	80～100

6.1.4　水下机器人的通信

水声通信在水下智能机器人的应用中较为重要，主要因为有缆设备的铺设、链接、维修都非常昂贵，并大大限制了水下机器人的活动范围。因此，除 ROV 外，其他水下机器人均采用无缆通信。而其他的介质，比如激光、电磁波等，在水中的通信距离都很短。在迄今所熟知的各种能量形式中，声波是唯一可以进行远程信息传输的载体。

根据水下机器人的需求，通信方式及技术特点可以分为以下三类。

1. 水声扩谱通信技术

水声扩谱通信技术的特点是高可靠性、数据率相对较低、安全保密性高、通信距离远。目前广泛采用扩谱调相、跳频或频移键控技术，未来有望采用高可靠性纠错编码技术。

2. 图像数据获取与上传、语音（载人机器人）通信

这类通信技术的特点是高速率，适合近程（一般≤10km）通信，通常采用超高速调制、解调技术，如 QPSK、MPFK、OFDM 及图像压缩、自适应均衡、纠错编码等。未来可能采用新型技术，比如小波变换、高带宽数字调制技术、高效率信道编码技术等。

3. 水下信息网的移动网关节点

水下机器人作为水下信息网的移动网关节点，它需要一些技术背景支持。包括海洋信息采集网络、污染监测、分布式战术监视网络、灾难预报、辅助导航等。水下信息网的关键技术包括低功耗节点技术、网络拓扑控制、网络协议、定位技术、水声通信技术等。

6.1.5　水下机器人的视觉传感器

水下机器人依靠各种传感器直接或间接获取水下作业对象和环境信息，这是水下机器人能够执行探测和作业任务的关键。水下机器人视觉传感器主要可分为以下三类。

1. 水下摄像机

水下摄像机直接获取水下视频图像信息。适合于清水、极近距离（米级）的高分辨观测。单台水下摄像机无法给出观测对象的距离信息，因此在做立体观测时，需要依靠

两台水下摄像机进行“双目”观测。

2. 高分辨率成像声呐

高分辨率成像声呐获取目标表面的三维形状的声图像信息。当水质混浊、水下光线条件差时，基于光学成像的水下摄像机会失去作用，难以获取准确的水下图像信息，此时，基于声学原理的成像声呐优势显著。高分辨率成像声呐主要包括前视声呐和侧扫声呐两种。

前视声呐可对机器人前方的物体和景物进行声学成像，前视声呐是应用广泛且常见的一种声呐。侧扫声呐可对机器人下方和两侧进行运动扫描成像，可用于是海底绘图。为了提高成像效果的空间感，国内外对三维成像声呐也在进行积极研发。此外，透镜声呐也可作为成像声呐，即使用声透镜进行波束形成的透镜成像声呐，它具有体积小、功耗低以及成像速度快的优点。

3. 剖面声呐

剖面声呐利用声波的可穿透特性，提供目标内部分层声图像信息。剖面声呐有更强的穿透能力和解析度，主要用于探测水下物体和结构物的内部。

6.2 面向地（水）下作业任务的机器人介绍

6.2.1 地下巡检类作业任务机器人

为适应大型现代化城市对于能源供应的稳定性，最大程度上满足居民对于用水、用电、用气以及采暖的综合生活需求，建设地下综合管廊系统可以更好地保障城市多种形式的能源供给以及各类生活设施的稳定运行。城市地下综合管廊整合了市政、电力、通信、燃气、供水排水等设施，在城市道路的地下空间构造了一张网络化的资源输送网。地下管廊巡检距离长，主管线距离从几千米至十几千米不等，且运维情况极其复杂。依靠人工巡检不能完全实时掌握地下管廊运行情况，采用定点监测的方式也存在监测盲区，利用地下管廊巡检机器人可有效解决上述问题。

地下管廊巡检机器人主要用于对管廊内的电力、水力、通信管线设施进行表面外观与实时发热情况分析，并对燃气泄漏、水管破损泄漏情况进行综合监测与分析诊断，通过全面监测管廊内各类设施设备状态，防患设备故障隐患，提高管廊管理效率。

1. 硬件架构

地下综合管廊巡检机器人主要有轮式、挂轨式以及履带式 3 种类型。其中轮式机器人具有无轨化定位导航、无需大规模土建施工的优势，通过四轮驱动、原地转向可以完成行走路线的灵活可调，活动范围较大，但一般轮式巡检机器人往往看不到轨道正上方的情况，巡检上存在一定的视觉盲区；挂轨式机器人沿轨道运行，不依赖地面环境，并且相比于地面巡检机器人运行速度快，可满足应急消防需要，行走上可以实现 90°升降；还有一种是履带式机器人，路面适应能力超强，可爬坡、可上台阶，活动范围大且行走路线灵活、可调，另外，履带式机器人负重大，可携带消防设备完成对于管廊失火的救援处理。

2. 核心功能

地下综合管廊巡检机器人应具备红外测温与故障报警、有毒气体超限报警、智能表计识别及可见光视频实时监控等核心功能。

以针对高压电力隧道电缆巡检的机器人为例，高压电力管廊巡检机器人缺陷识别种类及手段如表 6-2 所示。

表 6-2　　高压电力管廊巡检机器人缺陷识别种类及手段

巡检部位		缺陷识别种类	巡检手段
电缆本体及附件		电缆受损、电缆移位、固件失效、渗漏油、接头弯曲、部件缺损	可见光
		电缆温升大	红外成像
接地系统	接地箱	部件缺损、锈蚀、损伤	可见光
		异常发热	红外成像
	接地线	温升大	红外成像
隧道及附属设施	地下管廊	隧道防水失效、内壁裂纹、支架受损	可见光
		异常气体	气体检测
		隧道明火	可见光、红外成像
	照明系统	部件缺损	可见光
		部件发热	红外成像
	消防系统	工作状态异常、部件缺损	可见光
	监测装置	部件缺损	可见光

3. 特点与指标

（1）管廊设施管理功能。提供管线离线维护功能，支持管线空间信息、属性信息、拓扑信息和符号库信息的编辑更新功能；支持局部更新和批量更新；支持管廊三维模型数据更新。

提供管廊和管线的维修和改造管理，支持维修记录管理、维修档案管理。

（2）管廊巡检功能。利用定位等技术为工作人员提供可视化的资源巡检系统，实现整个管廊内资源管理。将涉及的设施资源全部数字化，管理者能够精确地了解整体设施的布局、建设、维护，巡检机器人通过机身携带的多传感器终端对资源的地理位置及相关属性进行信息采集。管理者可以查看巡检机器人的运动位置信息、历史轨迹、实时图像、热成像图，并可以进行巡检记录的回放，如图 6-1 所示。

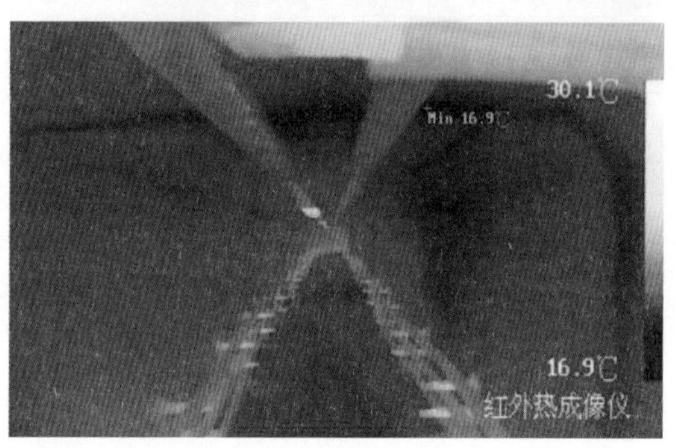

图 6-1　地下综合管廊巡检机器人采集回来的可见光及红外视频图像

6.2.2　水下巡检类作业任务机器人

6.2.2.1　水电坝体巡检机器人

水利大坝的混凝土表面不可避免地会出现裂缝、空洞等缺陷，尤其是在大坝刚建好服役的初期内部压力的释放，裂缝产生的速度会加剧，需要进行及时定期检查，但是坝体在水下部分通过人工难以有效检测，因此利用水下机器人对水坝的检测维护十分必要。水电坝体巡检机器人主要用于对坝体的裂缝、空洞及凹陷等缺陷情况进行定期巡检，及时发现缺陷，并对缺陷点位置进行准确记录，便于后期缺陷点修复定位。

1. 硬件架构

水下机器人的机械本体结构设计一般分为流线式和开架式两种。其中流线式具有阻力小、速度高等优点，但也有低速操纵性差、加工设计困难、成本高等缺点。水电坝体巡检机器人通常为开架式结构，具有低速操纵性好、检测设备搭载方便及设计周期短等优点。根据测量检测要求可搭载浅剖声呐、高频成像声呐、高清摄像机以及水下喷墨示踪仪等设备。水下推进装置一般由电动机、减速机、联轴器、螺旋桨及导流罩组成。通过在机器人主方向、侧方向及垂直方向布置推进器，可使机器人实现纵向、横向、垂向及摇首运动。

2. 核心功能

（1）定位系统。由测高声呐、测距声呐、深度计、罗经等定位传感器等组成的融合式定位系统，能为水下机器人运动控制提供必要的位置信息（包括速度、高度、坝距、下潜深度、首向角等)。声呐是利用水中声波进行探测、定位和通信的电子设备。利用浅剖声呐、高频成像声呐可检测水坝坝体的深层结构，当声波在水下传播时，遇到不同界面（如坝体有裂缝或空气夹层就形成了不同的界面）会产生反射，造成接收的声波信号起伏和畸变，根据这些声波信号的差异可以对裂纹位置进行测定。浅剖声呐由发射基阵和接收基阵组成，当声呐发出的声波在水下遇到固体界面反射时，测量发送声波脉冲与接收声波脉冲之间的时间差，再经过一定的计算，就可以大致测定某一固体在水下的位置。

(2) 检测系统。使用高清水下摄像机和高分辨率成像声呐对坝体进行大范围扫描可发现坝体裂纹等缺陷。利用喷墨示踪仪在裂缝处释放示踪液，通过实时查看示踪液在裂缝处的吸收情况判断裂缝处是否存在漏水情况。

(3) 控制系统。水下机器人的控制系统功能就是通过传感器感知外部信息，并加以分析、判断和处理，通过输出接口发出控制命令，协调各子系统的工作，使整个机器人按照期望的特性来工作。水下机器人可采用分布式控制系统，即由水下和水上两个控制节点组成，水下节点挂接罗盘、深度计、高度计、测距声呐、声学多普勒速度仪（DVL）等传感器及直流驱动电动机。

3. 特点与指标

(1) 机身结构及移动控制方式。机身结构分为流线式及开架式，移动控制方式包括遥控式及自主运动。

(2) 工作范围。工作范围指标包括机器人的工作深度（单位为 m)、首向工作角度[单位为 (°)]、纵横倾角 [单位为 (°)] 以及测量距离（单位为 m)。

(3) 工作重量。工作重量指机器人最大搭载重量，单位为 kg。

(4) 定位精度。定位精度即机器人的首向角度、工作深度及测距精度。

(5) 运动速度。运动速度指水下机器人在纵向、垂向及横向的运动速度，单位为海里/h。

6.2.2.2　核电压力容器、管道水下巡检机器人

核级关键设备（如反应堆压力容器、蒸汽发生器等）需要进行定期检查，确保其结构的连续完整性。由于设备本身运行在高辐射环境，必须提供高精度的自动化扫查，所以必须借助远程操控的机器人来完成这一操作。

核电定期在役检修是保障核电站安全运行的关键手段，随着检测技术提高和机器人的应用，核电设备检测和维护的手段更加丰富。

早期使用的压力容器检查机械手包括 Siemens 的 CMM 中央杆机械手、Cimcorp 的 PAR 和 Mitsubishi 的 A-UT。CMM 使用中心柱机构，端部效应器可以沿中心柱竖直运动或旋转。PAR 也采用带有中心升降杆的机械手机构，铝质中心柱由三腿机构支撑，安装在容器法兰上，系统结构比 CMM 更为紧凑。目前在美国核电厂使用较多的是西屋电气的 SUPREEM 系统，如图 6-2 所示，该系统采用超声方法对压水反应堆（Pressurized Water Peactor，PWR）容器壁和底封头、底部仪表管、接管筒体焊缝进行检查。系统包

含2个安装平台，分别安装有2个6轴机械手，可以在3.5～4.5天内完成容器检查。系统可以携带一系列超声、涡流探头，来满足特定需求，目前已经用来对英国、瑞典、中国、韩国和德国的核电厂进行检查。

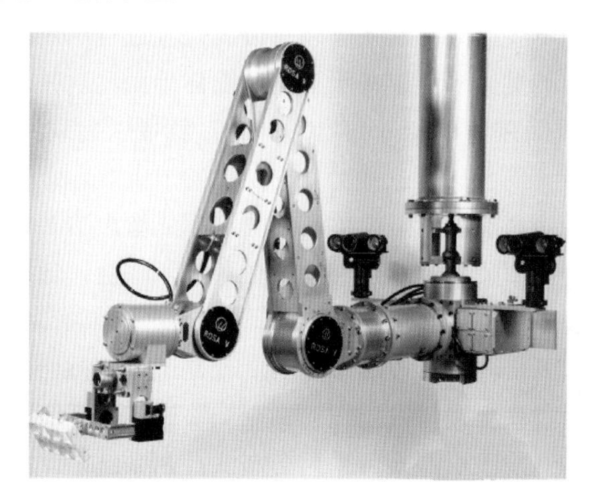

图6-2　SUPREEM六自由度机械手

Oak ridge国家实验室研制了RVIR爬壁机器人样机，携带超声涡流换能器对液态金属反应堆和安全壳容器的焊缝缺陷进行检测。机器采用了带有两组真空吸杯的底盘机构，分别用于机器人前后动作和中心轴旋转的驱动。真空杯由硅基橡胶制成，可以承受250℃温度和70kSv的辐照。

蒸汽发生器传热管是一回路压力边界最薄弱的部分，传热管一旦破裂，将导致放射性冷却剂进入二回路，造成冷却剂泄漏事故。蒸汽发生器检查早期采用的技术是将机器人在蒸发器外进行组装，直接安装在人孔上，ZETEC SM系列、Westinghouse的ROSA和韩国KAERI的ADAM系统均属于这种类型。这些重型机械手臂成本高昂，而且设备沉重，不易操作。因此，西屋电气公司和Zetec公司均研发了管板爬行机器人系统。以西屋为例，如图6-3所示，Pegasys是一个简化的管板爬行机器人，利用机器人两组气动脚交替抓牢管板，将操作工具移送到传热管，可实现蒸发器传热管的检查和堵管操作。Pegasys机器人主要特性是重量约为12.7kg，便于现场操作；快速配置和安装，能够降低作业人员辐照剂量；控制系统简单，易于维护；可以放置多个机器人同时检查，以降低采集时间等。

图6-4所示的NUCLEAR水下检测机器人可配合各种光学、超声、涡流探测工具，具有防辐射能力，从而可以代替人工完成各种水下或特种作业，并结合多种检测技术，例如光学、涡流、超声波、激光扫描识别缺陷。

NUCLEAR水下检测机器人通过精密导航，定位设备或部件损坏的区域，通过可调四轮转向系统，即四轮独立驱动电动机系统，在水下借助3D激光扫描仪，以及激光测距完成精确定位。该机器人在电缆引导模式下利用CCD相机记录图像，方便操作人员进行现场视频导航，对每一个轮子相邻的磁牵引系统进行控制，并在一定规模的金属表面上

图 6-3　Pegasys 管板爬行机器人

图 6-4　NUCLEAR 水下检测机器人

完成检测作业。

6.2.3　水下维护类作业任务机器人

6.2.3.1　核电水下焊接切割机器人

核电站的反应堆换料水池和乏燃料水池为不锈钢板包裹敞口容器，其容易因重物跌落池底而形成裂纹，造成辐射物质泄漏隐患。地震、海啸等自然灾害的冲击也可能使得水池容器破裂，导致核电站水池泄漏事故。对核电站水池的裂纹检测和漏点修补是预防核电站水池泄漏事故的关键。利用水下机器人代替人工进行裂纹检测和漏点修补无须排干水池即可深入池底，可实现快速检修，并且有效避免高温和强辐射对人体的伤害。

核电水下焊接机器人在水下自主开展检测和焊接工作应具备较强的裂纹漏点识别能力以便快速定位缺陷位置、在水下及不锈钢壁面运动的稳定性以及焊接路径跟踪的准确性。

英国 Cranfield 大学海洋技术研究中心利用 ASEA IRBL6/2 机器人和 Workspace 软件建立了一套水下焊接的遥控仿真系统，并进行了水下环境模拟、远程遥控、避障等研究。根据核电水下焊接的要求，目前核电水下焊接系统结构主要由无轨水下焊接机器人、潜水送丝机、焊缝质量分析仪、故障诊断与显示系统、水下视觉系统和远程监控操作终端等组成，如图 6-5 所示。

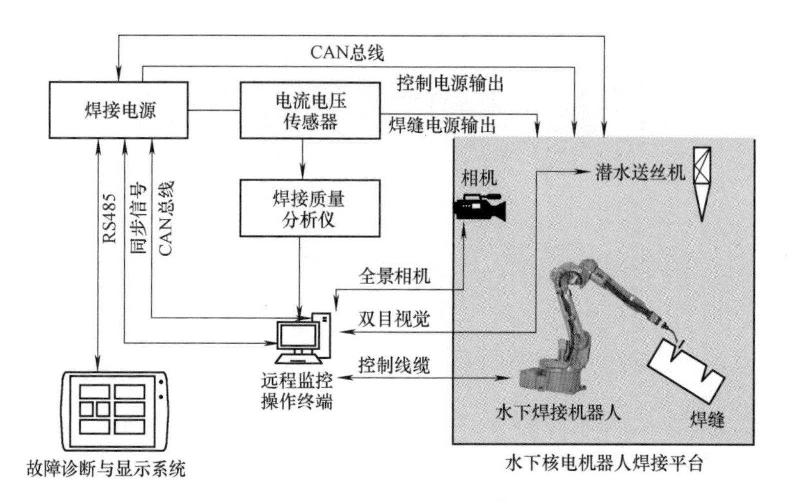

图 6-5　核电水下焊接系统结构

东南大学自动化学院智能机器人研究所在研制出“昆山一号机器人”的基础上完成了一套动态路径跟踪算法，并于 2011 年实现“弧焊机器人成套装置”。南昌大学完成了水下磁吸附轮履式焊接机器人虚拟样机制造，并对水下焊接机器人磁块单元进行了优化设计后，成功研制出磁吸附轮履式焊接机器人。中广核集团有限公司研发的水下焊接机器人，可在核电站乏燃料水池硼酸水等高辐射环境下作业，并对多种形式焊缝的钢覆面进行水下焊接。

6.2.3.2　核电水下去污打捞清理机器人

核电水下去污打捞清理机器人是适用于核电站放射性水池作业的机器人。核电水下去污打捞清理机器人的作业任务主要包括废物处理、设备拆除、异物打捞等。因此，核电水下去污打捞清理机器人应满足以下基本技术指标。

（1）平均每年的核辐射总剂量在 10^4～10^5Sv 之间；

（2）可以在高温（50℃）下工作；

（3）具有较好的电磁兼容性；

（4）系统提供远程自诊断和较好的维护性；

（5）提供具备较大负荷能力的远程机械手及载体。

Savannah River 的机器人研发中心开发出一种高性能的远程操作车辆 MoRT，用于放射性废物的拆解、巡检、去污、清理工作等。MoRT 的基座车是从 Stock Chaser 产品改装的，集成了高度复杂的 6 自由度液压驱动的机械手，装备有 6 个视频摄像头，其中一个摄像头安装在可平移/俯仰的可升降位置，可升至 3.65m。机械手可以在全臂展开至 200cm 的情况下举起 113kg 的重量。采用两路无线连接来构成车辆的远程控制，分别用于车辆本体和机械手的控制，同时使用第三路独立连接实现微波传送音视频信号。AEA 技术公司设计制造了一系列用于切割焊接应用的远程操控机械手。经过部件筛选测试，机器人可以在 50℃温度下承受 1MSv 的辐射剂量。其中的 N760 和 N800 系列都已用于核燃料操作，累积剂量已经超过 10kSv。韩国 ZETA CREZEN 研制了小型工业清洁器 SM-

500 和核电站用自动水下清洁器 N-600，其中 N-600 可在最大深度为 9m、最高温度在 40℃的环境下作业，图 6-6 所示为 ZETA CREZEN 研制的水下清洁机器人，产品尺寸为 860mm×600mm×300mm，可搭载摄像机和照明设备。

图 6-6　ZETA CREZEN 研制的水下清洁机器人

此外，韩国原子能研究院 KAERI 也研发了各种远程操作机器人系统，替代操作人员从事危险工作，如应急响应、放射性材料处理、去污、拆解和核设施高放射性区域的检查等，其中 KAEROT 为耐辐射的远程操控移动机器人，用于 CANDU 反应堆全功率运行期间进行目视检查。机器人配备有辐射剂量计，在累计辐射剂量达到最大值时，将其拖离辐射区域。

国内也有不少研究单位以及高等院校，从事核电去污打捞清理机器人的开发工作，耐高辐射技术正是该类型机器人研制的核心。中国科学院光电技术研究所研制的水下多功能智能化机器人可以承受高达 65℃高温，同时抵御每小时 100Sv 的核辐射。而机器人携带的相机等传感器，甚至可以抵御高达每小时 10 000Sv 的核辐射，在此环境下还能完成打捞、打磨、高放射性物质转移等作业。其中一款高放射性环境下的水下异物打捞机器人体积小、质量轻、运动灵活，具有耐辐射、防水和耐高温特点，它进入水池后，通过自身视觉等传感器，能迅速定位到异物，通过机械臂的爪手将异物夹取，并打捞出来，若是打捞很小的异物，它还可以把机械爪手换成类似吸尘器的吸盘，轻松将异物吸出来，如图 6-7 所示。

图 6-7　小型水下异物打捞机器人

大型发电机铜线圈保养，可以说是目前核电设备领域的世界性难题。大亚湾核电公司联合中广核运营公司、苏州热工研究院等多家单位，将发电机结构特点与高压水射流机械冲洗技术相结合，共同研发了 Rosil（Robot of Generator Stator Coil Inspection and Lancing）去污机器人，如图 6-8 所示。2019 年 5 月，大亚湾核电公司利用自主研发的 Rosil 机器人，完成了岭澳一期 2 号机发电机线圈端部的无损检查与清洗工作，这是行业内首次在不对端部水盒解体的情况下，成功实施对大型水内冷发电机线棒端部进行视频检查和机械清洗工作。

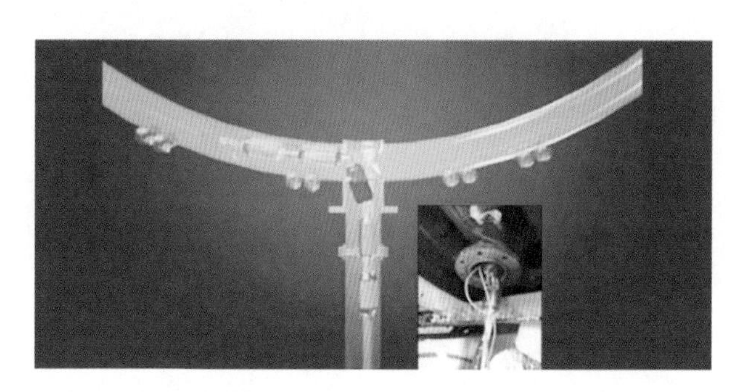

图 6-8　Rosil 去污机器人

Rosil 去污机器人依据大亚湾/岭澳一期发电机结构开发，具有强摩擦力下的对辊驱动、异形管口通过、毛细高压水清洗、微型旋转喷头等核心技术。该技术在发电机汇水环、PTFE 水管、线圈端部的不可达区域的状态监测、机械清洗与异物抓取等领域具有广泛应用前景。

6.2.3.3　海上风电水下安装机器人

尽管海上风电相比于陆上风电而言在前期的勘测以及安装成本上较高，但海上风电机组因其独有的地理优势，处于没有遮挡的海平面且风力较为稳定，因此在风能利用率、发电小时数、装机容量以及靠近用电负荷高的沿海地区等方面都具有明显的优势。这几年来一直受到国内外政策的鼓励，装机容量逐年攀高，其发展前景非常广阔。

海上风电机组通常以漂浮式平台作为机组底座进行安装，尤其是远离陆地的风电机组。对于漂浮式平台的安装，需要在安装驳船脱离风电机组基础后进行水下筋腱的安装，才能够把基础牢固地与海床相连，可以利用水下自主机器人协助进行勘测、监测水下安装过程以及后续水下运维工作。

海上风电筋腱安装时，可利用水下机器人对桩基连接、筋键连接进行监控，确定设备在水下的定位。国内外对风电水下机器人的开发与试验工作才刚刚起步，预计要到 2025 年才能形成成熟度较高且大规模应用的运维机器人产品，目前专业海底探测设备公司 MODUS Seabed Intervention 正在开发一种无需辅助船只，可在水下独立工作的新型自主式水下机器人系统，可用于海上风电前期勘探及运维期水下基础监测等工作，如图 6-9 所示。

图 6-9　MODUS 自主式水下机器人系统

6.3　面向地（水）下作业的智能机器人技术趋势分析

6.3.1　地下巡检类机器人技术趋势

地下巡检类机器人作为未来地下管网维护手段中的无人化替代方案，主要有以下几大技术趋势。

（1）解决地下巡检过程中的精确定位问题，由于地下作业机器人往往在封闭的地下空间，其自身与外界的通信问题必不可少会受到地质环境的影响，同时地下导航与路径规划区别于地上具有卫星导航系统作为指导，地下自主导航缺乏必要的外在卫星导航系统信号，当发现管线问题异常时，往往需要依靠里程计及巡检系统中的预建综合管廊模型进行比对，精准度受多方面因素影响，包括里程计长期精度、预建模型与现实施工精度误差等。

（2）地下巡检机器人尤其是履带式和轮式机器人面临着长距离巡检的能源问题，如果带上救援管线灭火的设备，最大行程距离在电池等制约下远不如轨道式机器人，地下综合管廊往往具有长度长、距离远的特点，必须研究机器人充电点的布置位置才能够保证机器人在全程巡检中不掉电，增加了施工土建的规划量。

（3）地下巡检机器人对于一些地下管道盲区依然存在检测困难的问题，例如管道的拐弯处弯头、管道下表面、管道贴壁处等一系列空间都属于盲区，如何解决这些盲区检测也是技术进步趋势。

6.3.2 水下巡检类机器人技术趋势

水下巡检机器人目前还面临几个问题，同时这些问题在发展解决的过程中也是未来技术进步趋势的一种体现，它们包括：

1. 水下通信问题

无缆水下机器人的操控信号目前是以水声通信来实现的，存在传输延时现象，因声音在水中的传播速度远低于光速，从而导致难以对水下机器人实时控制。而且传输距离又受载波频率和发射功率的限制，目前通信距离仅 10km 左右，激光水下通信是一大新方向。

2. 水下控制问题

由于水下机器人通常具有六个自由度，本身是一个强耦合的非线性系统，加上局部水流方向、流速都是无规则变化的，动力定位控制系统的刚度很难满足定点作业的要求。未来可继续探索研究机器人水下动力学模型，提高模型的准确性，优化控制策略，进一步提升水下机器人的运动、姿态控制稳定性。

3. 水下能源问题

在深水作业，对于有缆遥控水下机器人，随着电缆的增长，传输损耗也会增大，虽然可提高电压和加大频率，但会产生绝缘和安全问题。而对于自主水下机器人，自带供能模块所存储的能源量是限制其作业范围的主要因素。海洋能源存在的形式多种多样，包括波浪能、潮汐能、潮流能、海水温差能和海水盐差能等，未来可通过开发易用的海洋能转换装置，提升水下机器人的长时间续航能力。

6.3.3 水下维护类机器人技术趋势

水下维护类机器人往往帮助人们潜入水下完成一系列拟人化的操作任务，类似于核电领域的水下机器人，需要具有多自由度的灵巧机械末端实现对于物体的抓取以及感知，并且定位精度高、可靠性高、专用性强。同时也面临着和水下巡检类机器人一样的问题，即如何在复杂的水文条件下完成作业任务，保障可靠性。未来的水下维护类机器人也会朝着应用更先进的末端机构的方向进步。

6.4 本 章 小 结

本章从地（水）下作业任务场景出发，根据具体任务类型的属性归纳，总结出地（水）下作业任务可分为地下巡检类、水下巡检类、水下维护类三大方向，对应这三个方向也催生了三种面向电力行业地（水）下作业任务的机器人。且它们之间具有明显的特征区别。地下巡检类机器人主要面向城市地下综合管廊系统的巡检，与地面巡检机器人的相关巡检系统原理及方法类似，不同的是地下综合管廊巡检机器人面临着地下定位导航困难以及管廊巡检路程长等一系列难点，在技术要求上比地面巡检机器人要高；水下巡检类机器人主要为大型水电、核电水下设备设施的安全维护设计的机器人，可以替代潜水员长时间在水下完成巡检任务；水下维护机器人主要定制为各种处理水下作业任务的智能机器人，例如水下焊接切割、去污打捞清理、水下设备安装等。此外，本章从这三类机器人未来的发展趋势进行分析，提出了面向电力行业的地（水）下机器人的技术趋势，也提出了相应的关于地（水）下机器人通信、控制、能源供应等方面的研究难点。总体而言，地（水）下智能机器人的任务应用具有无人化、智能化的发展特点，能够高效替代人们进入复杂地（水）下环境完成特定任务，在未来有广阔应用前景。

第 7 章
电力行业智能机器人技术成熟度评价及案例分析

总体来看，随着我国高压、特高压、大容量机组及新能源建设规模不断扩大，电力行业智能机器人全球范围内市场发展空间巨大，我国电力行业智能机器人产业也将迎来难得的市场发展机遇。

电力行业智能机器人项目通常融合传感、机械、动力、控制、通信、人工智能等多个前沿学科，存在较大的技术和管理风险，因此很有必要在机器人研制过程中引入先进管理理念，实施科学的技术管理。

本章结合电力行业智能机器人技术研发评估实际工作，研究技术成熟度（TRL）在电力行业智能机器人项目中的应用方法，建立基于技术成熟度方法的一般评价规则，并给出评价标准与实施案例，有助于及时掌握智能机器人项目关键技术的实施进展情况，发现潜在的技术风险，可作为电力行业智能机器人研发与应用项目的技术评估参考。

7.1 我国智能机器人技术成熟度现状

当前，我国智能机器人产业无疑已经成为最受关注的产业之一，正经历从数量扩展向高质量发展的攻坚阶段。未来智能机器人领域将越来越多采用创新技术、颠覆性技术，从而带动机器人应用水平全面提升，促进机器人应用场景不断丰富和成熟。

机器人技术涉及学科众多，距离很多特定工业场景的成熟应用，还确实有很长的一段路要走。机器人核心零部件瓶颈问题一直是国内机器人行业绕不开的问题，行业技术壁垒也使得目前机器人市场主要份额仍然为瑞士 ABB、日本发那科、日本安川、德国库卡等大型公司所占据。

近期，机器人国产零部件进口替代进程加速。机器人企业也从客户要求变化中，越来越感受到了创新技术的必要性，围绕关键技术改进与革新，包括 AI、物联网的接入，进一步沉淀技术，并逐步走向成熟。

当前，国内机器人绝大多数模组已经越来越成熟，这是一个基本趋势。随着我国在核心技术、核心部件上的研发取得一系列成果，从某种程度上也迫使国际的一些垄断模组供应商降低了售价和门槛。

随着先进材料、云计算、人工智能等技术的飞速发展，智能机器人时代的技术轮廓已经渐渐清晰，而在智能机器人主要技术难题攻关过程中，如何进行技术成熟度评估，开展大范围的模组间技术协同创新与启发，进入机器人中高端领域，已成为当前行业发展的关键。

7.2 智能机器人技术成熟度评价方法

电力行业智能机器人的落地需要技术创新性研发和工程应用，具备技术复杂、模块耦合度高、投资巨大、研制周期长等特点，也决定了其研制过程的高风险特性，研制进度拖延、费用超支、性能不达标甚至项目失败的情况屡见不鲜。

针对这种问题，在机器人研发项目立项之前，通过智能机器人成熟度评价，识别其中技术风险，是一种重要的手段。在项目研制的关键节点，也要对其关键技术进行技术成熟度评价，避免不够成熟的关键技术转入下一阶段。

技术成熟度（Technology Readiness Level，TRL）是国际上广泛使用的对重大科技攻关和工程项目的技术研发进展进行量化评价的方法。

7.2.1　技术成熟度评价流程

技术成熟度评价（Technology Readiness Assessment，TRA）的流程包括识别关键技术元素（Critical Technology Element，CTE）和评价 CTE 的成熟度两个大的阶段。

1. 识别关键技术要素

关键技术要素的识别是 TRA 的基础，由电力行业智能机器人项目经理总负责。判断关键技术要素的原则：一种全新的技术元素，或者被新颖的方式所使用的技术元素，对实现智能机器人系统成功开发、系统采购或对系统实用性所必需的，这种技术元素就是关键技术要素。关键技术要素的识别分为两个阶段，第一阶段由电力行业智能机器人项目经理根据项目工作分解结构提出候选的关键技术要素清单，第二阶段由一个独立评审小组确定最终的关键技术要素。确定候选技术是否是该机器人项目的关键技术要素，必须回答以下 8 个问题。

（1）该技术是否直接影响使用需求?

（2）该技术是否对机器人系统交付进度有显著影响?

（3）该技术是否对机器人系统的成本有显著影响?

（4）如果是一种发展之中的技术，该技术是否能够满足交付要求?

（5）该技术是否是机器人新技术或在电力行业首次应用?

（6）该技术是否经过升级完善?

（7）该技术是否被用于满足电力行业环境要求?

（8）该技术是否可在一个特定的电力行业环境中工作，实现或超过原有的性能?

电力行业智能机器人的某项技术要成为关键技术要素，前 4 个问题的答案必须是“是”，后 4 个问题必须有至少 1 个问题的答案是“是”。

2. 评价 CTE 的成熟度

电力行业智能机器人在确定系统的关键技术要素后，成立一个独立评审小组，按照技术成熟度等级，开展具体技术的评价工作。

对所有关键技术要素做出技术成熟度评价后，电力行业智能机器人关键技术要素评价独立小组须提交技术成熟度评价报告。报告由项目承担单位技术负责人批准，同时由承担单位采购负责人签署。

在报告的结论中，必须陈述技术负责人对报告的意见，说明该机器人系统的成熟度是否满足进入下一阶段研发的要求，如果某些关键技术要素的技术成熟度低于规定的等级，技术负责人可以给出支持其进入下一阶段的意见，但必须说明原因并提交每个不满足要求的关键技术要素的技术改进计划。

7.2.2 技术成熟度等级

技术成熟度等级最初为美国国防部使用，后为 NASA 以及很多企业所采用，技术成熟度等级用于评价一项技术的成熟水平，通常分为九个评价级别，第一级指技术还非常不成熟，第九级则为完全成熟的技术。具体成熟度等级划分如下：

TRL1：基本原理被发现和被报告。科学理论开始转向应用研究。

TRL2：技术概念和用途被阐明。理论是推测性的，尚未经过详细分析和验证。

TRL3：关键功能和特性的概念验证。开始应用研究，开展实验室研究。

TRL4：实验室环境下的基础部件/原理样机验证。与最终系统采用的部件相比，部件“保真度”较低。

TRL5：相关环境下的部件/原理样机验证。部件试验环境达到“高保真度”。

TRL6：相关环境下的系统/子系统模型或样机验证。系统在“高保真度”的实验室环境或仿真的实际环境下进行试验。

TRL7：模拟使用环境下的原型机验证。在模拟真实环境下验证原型机。

TRL8：系统完成技术试验和验证。系统研制阶段结束。

TRL9：系统完成使用验证。系统以其最终的形式在实际试验中得到验证。

7.3 智能机器人技术成熟评价案例

发电厂锅炉水冷壁大多结构复杂，水冷壁检测机器人面临在弱光、多粉尘、磁密闭等高难度应用挑战，涉及结构、先进测量、控制、通信等多个学科，技术复杂度高，项目研制过程需要借助技术成熟度评价的方法进行评估和管理，加速该机器人产品和服务不断迭代升级。通常的技术成熟度评价工作主要包括项目技术分解、关键技术要素选择和评价准则制定等过程。

1. 项目技术分解

项目技术分解是开展技术成熟度评价的基础，由电力行业智能机器人项目总负责人牵头筛选。以锅炉水冷壁检测机器人项目为例，利用技术成熟度方法进行评估的首要工作就是技术分解，将该机器人项目分解成若干个关键技术。在确定各关键单项技术成熟度的基础上，可对该机器人项目整体技术成熟度进行评价，得到整体的技术成熟度等级。

2. 关键技术要素选择

通过对比锅炉水冷壁检测机器人项目技术分解结构中的技术，筛选出关键技术。判断某项技术是关键技术要素的一般原则是此技术是一种全新或新颖的技术，或者以全新或新颖的方式在电力行业首次使用的技术，对实现机器人系统成功开发或决定项目成败必须突破且无可替代的技术。

3. 评价准则制定

按照技术成熟度通用等级的定义，结合锅炉水冷壁检测机器人的技术成熟规律，包括方案阶段、初样、试样等各研制阶段的特点，制定了锅炉水冷壁检测机器人的技术成熟度评价准则，以此阐述评价标准制定的过程，详情见表 7-1。

表 7-1　　等级定义及案例说明

等级	等级评价标准	案例说明（以锅炉水冷壁检测机器人为例）
1	通过探索研究，获得并正式发布可作为技术研发基础的基本原理	发现并报道了磁吸附特性、密闭空间定位导航、非接触检测等有关的基本原理
2	通过理论分析，提出技术原理在锅炉水冷壁检测机器人研制中实现新功能、性能的设想	提出通过磁吸附的方式使得移动小车吸附在锅炉水冷壁上，搭载非接触式测厚模块实现水冷壁检测的应用设想，并对所能达到的性能进行了初步估计，预计实现在线实时测量
3	提出初步的技术应用方案，通过分析研究、建模仿真和试验，验证了技术在锅炉水冷壁检测机器人上应用的可行性	研制出负载 2kg 的简易爬壁机器人原理样机，通过移动小车和磁铁的结合在实验环境下进行验证，初步验证了磁吸附移动方式的应用设想可行
4	完成部件或单机研制，在实验室环境下验证了部件或单机，验证了技术应用的功能特性、技术方案与途径可行性	研制出激光和惯性导航融合定位系统以及非接触式检测探头，并在试验台进行了测试，通过验证可知，单机的技术方案可行
5	完成部件或单机研制，并通过相关环境试验验证，功能和性能满足指标要求。此相关环境能体现一定的锅炉水冷壁环境的要求	研制出负载 10kg 的爬壁机器人底盘，在水冷壁模拟试验台上对机器人底盘的功能和性能指标进行了试验
6	完成初样产品的研制，并通过相关环境下的试验验证，功能和性能指标满足要求，工程应用可行性和实用性得到验证。此相关环境接近锅炉水冷壁的真实环境	采用 3 个非接触式检测探头并联的设计方案，研制爬壁机器人底盘二代样机，搭载了定位导航系统，底盘、检测单元、定位导航系统以及其他各部分能协调工作，并在锅炉水冷壁模拟试验台进行了试验，证明爬壁检测机器人在工程上应用是可行的
7	完成试样产品的研制，并在典型使用环境下根据合同要求完成规定检测作业的验证，功能和性能指标全部满足典型使用环境要求。典型使用环境为锅炉水冷壁的真实环境	研制了完整的二代锅炉检测机器人样机，并通过了现场锅炉爬行试验、检测试验和系统展示试验，进行了极限工况的各种试验，功能和性能完全满足任务书和技术规格说明书的要求，获得成功
8	对锅炉水冷壁检测机器人进行各项指标的测试和验证，并成功执行了第一次任务，完成锅炉水冷壁检测	锅炉水冷壁检测机器人的每一项测试结果都满足指标要求，并成功实现水冷壁壁厚在线测量，完成了首次锅炉水冷壁检测任务
9	锅炉水冷壁检测机器人在使用环境下多次成功执行检测作业任务，完成最终的使用验证	锅炉水冷壁检测机器人多次成功执行检测任务，实现水冷壁壁厚在线测量，完成使用验证，实现产品交付业主使用

7.4 本 章 小 结

电力是攸关国家安全和发展的重点领域。我国已连续多年成为世界上最大的电力生产国和消费国。在“碳达峰、碳中和”目标、生态文明建设和“六稳六保”等总体要求下，我国能源电力发展面临保安全、转方式、调结构、补短板等严峻挑战，对智能机器人的需求比以往任何阶段都更为迫切，随着新型能源体系的加速建设，有必要结合当前的电力行业的重点需求，采用先进的技术成熟度评价与预测方法，加速电力行业智能机器人重点项目的实施进展，聚焦潜在的技术风险和突破方向，不断推动电力行业智能机器人技术走向成熟。

附录A

世界机器人发展历程

1. 1893 年，加拿大摩尔设计了能行走的机器人“安德罗丁”，以蒸汽为动力。

2. 1928 年，在伦敦工程展览会上，展出了英国首个人形机器人 Eric，它是一个能够移动四肢、旋转头部、回应语音的机器人。

3. 20 世纪 40 年代后期，美国的橡树岭国家实验室和阿贡国家实验室开始实施计划，研制遥控式机械手，用于搬运放射性材料。

4. 1947 年，为了搬运和处理核燃料，美国橡树岭国家实验室研发了世界上第一台遥控的机器人。

5. 20 世纪 50 年代中期，机械手中的机械耦合装置被液压装置取代，如通用电气公司的“巧手人”机器人和通用制造厂的“怪物”Ⅰ型机器人。

6. 1954 年，美国人乔治·德沃尔（G. C. Devol）制造出世界上第一台可编程的机器人“尤尼梅特”（Unimate）。

7. 1958 年，被誉为“工业机器人之父”的约瑟夫·英格伯格（JosephF. EngelBerger）创建了世界上第一个机器人公司——Unimation 公司。

8. 1959 年，德沃尔与美国发明家约瑟夫·英格伯格联手制造出全球第一台工业机器人。

9. 1961 年，美国麻省理工学院林肯实验室把一个配有接触传感器的遥控操纵器的从动部分与一台计算机连接起来，这样的机器人便可凭触觉决定物体的状态。

10. 1961 年，第一台 Unimate 机器人安装成功，被用于压铸等方面工作。

11. 1961 年，麻省理工学院发明有传感器的机械手臂 MH-1。

12. 1961 年，Versatran 圆柱坐标机器人商业化。

13. 1962 年，美国机械与铸造公司（American Machine and Foundry，AMF）制造出世界上第一台圆柱坐标型工业机器人，命名为 Verstran（沃尔萨特兰），意思是“万能搬动”。

14. 1965 年，L. C. Roberts 将齐次变换矩阵应用于机器人。

15. 1965 年，约翰·霍普金斯大学应用物理实验室研制出 Beast 机器人，随机兴起研究“有感觉”的机器人。

16. 1967 年，一台 Unimate 机器人安装运行于瑞典的 Metallverken，Uppsland Väsby，这是在欧洲安装运行的第一台工业机器人。

17. 1968 年，美国斯坦福人工智能实验室（SAIL）的 J. McCarthy 等人研究了一项新颖的课题：研制带有手、眼、耳的计算机系统。

18. 1969 年，斯坦福研究院发明了带视觉的自由计算机控制的行走机器人 Shakey。

19. 1969 年，通用汽车公司在其洛兹敦（Lordstown）装配厂安装了首台点焊机器人。

20. 1970 年，在美国芝加哥举行第一届美国工业机器人研讨会。一年以后，该研讨会升级为国际工业机器人研讨会（International Symposium on Industrial Robots，ISIR）。

21. 1971 年，世界上第一个国家机器人协会——日本机器人协会（JARA）成立。

22. 1972 年，意大利的菲亚特汽车公司（FIAT）和日本日产汽车公司（Nissan）安装运行了点焊机器人生产线。这是世界第一条点焊机器人生产线。

23. 1973 年，德国库卡公司将其使用的 Unimate 机器人研发改造成其第一台产业机器人，命名为 Famulus，这是世界上第一台机电驱动的 6 轴机器人。

24. 1973 年，日本日立公司（Hitachi）开发出为混凝土桩行业使用的自动螺栓连接机器人。这是第一台安装有动态视觉传感器的工业机器人。

25. 1974 年，美国辛辛那提米拉克龙（Cincinnati Milacron）公司的理查德·霍恩（RichardHohn）开发出世界上第一台由小型计算机控制的工业机器人。

26. 1978 年，德国徕斯（Reis）机器人公司开发了首款拥有独立控制系统的六轴机器人 RE15。

27. 1978 年，日本山梨大学（University of Yamanashi）的牧野洋（Hiroshi Makino）发明了选择顺应性装配机器手臂（Selective Compliance Assembly Robot Arm，SCARA）。其是世界第一台 SCARA 工业机器人。

28. 1979 年，Unimation 公司推出了 PUMA 系列工业机器人，它是全电动驱动、关节式结构、多 CPU 二级微机控制、采用 VAL 专用语言、可配置视觉和触觉的力觉感受器、技术较为先进的机器人。

29. 1979 年，斯坦福推车（Stanford Cart）诞生，这是一辆四轮漫游者，它的眼睛是摄像头，通过分析以及对自己的路线进行编程，它能够在一个满是椅子的房间里绕开障碍物行进。

30. 1979 年，日本不二越株式会社（Nachi）研制出第一台电机驱动的机器人。

31. 1981 年，美国 PaR Systems 公司推出第一台龙门式工业机器人。龙门式机器人的运动范围比基座机器人（Pedestal Robots）大很多，可取代多台机器人。

32. 1984 年，美国 Adept Technology 公司开发出第一台直接驱动的选择顺应性装配机器手臂（SCARA），命名为 AdeptOne。

33. 1987 年，国际机器人联合会（International Federation of Robotics，IFR）成立。在 1987 年举办的第 17 届国际工业机器人研讨会上，来自 15 个国家的机器人组织成立了国际机器人联合会（IFR）。

34. 1990 年，美国国际股份有限公司推出了世界上第一台自动化并可连续在野外工作的热成像系统 XS-416M。

35. 1992 年，瑞典 ABB 公司推出一个开放式控制系统（S4）。S4 的设计，改善了人机界面，并提升了机器人的技术性能。

36. 1993年，由研究人员在美国远程操控，一台名为但丁（Dante）的八脚机器人试图探索南极洲的埃里伯斯火山，这一具有里程碑意义的行动开辟了机器人探索危险环境的新纪元。

37. 1996年，德国库卡公司开发出第一台基于个人计算机的机器人控制系统。该机器人控制系统配置有一个集成的6D鼠标的控制面板，操纵鼠标，便可实时控制机械手臂的运动。

38. 1997年，旅居者号探测器搭乘火星探路者号到达火星，进行火星科研探测任务。

39. 1998年，瑞典ABB公司开发出灵手（FlexPicke）机器人，它是当时世界上速度最快的采摘机器人。灵手（FlexPicke）是在洛桑联邦理工学院（EPFL）Reymond Clavel教授发明的三角洲机器人的基础上开发出来的。

40. 1998年，瑞士Gudel公司开发出roboLoop系统，这是当时世界上唯一的弧形轨道龙门吊和传输系统。RoboLoop概念使一个或多个搬运机器人能够在一个封闭的系统内沿着弧形轨道循环操作，从而为工厂自动化创造了可能。

41. 1999年，索尼公司发布了第一条机器人狗，名为Aibo。

42. 2000年，索尼公司推出了索尼梦想机器人，它能够识别10种不同的面孔，并通过言语和肢体语言表达情感，且能在平坦和不规则的表面上行走。

43. 2003年，机器人参与火星探险计划。火星探测使命是一个正在进行的探索火星的太空任务。两台漫游者机器人于2003年开始探索火星表面和地质任务。

44. 2003年，德国库卡公司开发出第一台娱乐机器人Robocoaster。Robocoaster机器人允许乘客坐在其内部在空中旋转，这是现代游乐园空中旋转机器的最初原型。

45. 2004年，美国宇航局（NASA）的“勇气号”探测器（SpiritRover）登陆火星。这台探测器在原先预定的90天任务结束后继续运行了6年时间，总旅程超过7.7km。

46. 2005年，机器人与自动化的发明与创业奖（Invention and Entrepreneurship in Robotics and Automation Award，IERA Award）设立。

47. 2005年，斯坦利自动驾驶汽车（Stanley）成功越野行驶212km，在无人驾驶机器人挑战赛（DARPA Grand Challenge）中夺冠。

48. 2006年，意大利柯马公司（Comau）推出了第一款无线示教器（Wireless Teach Pendant，WiTP）。WiTP是在工业机器人无线技术的第一大应用。

49. 2008年，世界上首例机器人切除脑瘤手术成功。

50. 2009年，世界博览会上展出仿真女性机器人。

51. 2010年，ImageNet大规模视觉识别挑战赛（ILSVCR）举办。

52. 2011年，第一台仿人型机器人进入太空。2011年2月14日，在美国佛罗里达州的肯尼迪航天中心，美国宇航局的Robonaut（R2B）机器人搭乘航天飞机进入太空探索。

53. 2011年，欧洲科学家启动了Robo Earth（机器人地球）计划，试图让机器人共享信息并存储它们的发现。

54. 2012年，“发现号”航天飞机（Discovery）将首台人形机器人宇航员送入国际空间站。这位机器宇航员被命名为“R2”，它的活动范围接近于人类，并可以执行那些对人类宇航员来说太过危险的任务。

55. 2014 年，诞生首台通过“图灵测试”的机器 EugeneGoostman。

56. 2016 年 3 月，谷歌 AlphaGo 在围棋赛中战胜李世石，成为第一个击败人类职业围棋选手的计算机程序。

57. 2017 年 5 月，谷歌 AlphaGo 在浙江乌镇以 3∶0 完胜柯洁。

58. 2017 年 10 月，在“未来投资倡议”大会上，美女机器人 Sofia 被授予沙特公民身份。

59. 2018 年，亚马逊和谷歌先后推出云机器人平台 Robo Maker 和 Open Roberta 云平台。

60. 2018 年 10 月，新版 Atlas 机器人实现左右脚交替三连跳 40cm 台阶。

61. 2019 年 9 月 18 日，国际机器人联合会（IFR）在上海发布了《全球机器人 2019》报告。其中通过分析历史数据指出了未来机器人产量、销量的变化趋势。

62. 2020 年，来自麻省理工学院计算机科学与人工智能实验室（CSAIL）、维也纳工业大学、奥地利科技学院的团队仅用 19 个类脑神经元就实现了控制自动驾驶汽车。

63. 2021 年 1 月，医疗用机器人制造商“Medicaroid”开发的日本首款手术辅助机器人“hinotori”成功实施了第一例手术。此次手术是前列腺全摘除，手术时长约为 4 个半小时，患者术后情况良好。

64. 2022 年 1 月，约翰·霍普金斯研究团队所设计的智能组织自动机器人（Smart Tissue Autonomous Robot，STAR）在猪的软组织上开展了世界首例无人指导下的腹腔镜手术，其手术结果优于进行相同操作的人类医生的结果。

65. 2022 年 10 月 1 日，马斯克的特斯拉人形机器人“擎天柱”登场，在特斯拉播放的视频中，擎天柱展示了浇水、搬箱子、流水线工作的技能，引发了市场对人形机器人的热捧，2022 年也被称为人形机器人的风起之年。

附录B

中国机器人发展历程

1.1958年8月1日，我国第一台电子数字计算机在中国科学院计算技术研究所诞生。

2.1958年10月1日，“北京五号”无线电引导着陆正式试飞成功，这是中国第一架无人机。

3.1966年12月6日，我国第一台无人靶机“长空一号”首飞成功。

4.1976年，北京起重运输机械研究所研制出了第一台自动导引车样机。

5.1979年，中文科学学术期刊《机器人》创办，中国自动化学会与中国科学院沈阳自动化研究所主办，中国科学院主管。

6.1982年4月，我国第一台示教再现工业机器人样机研制成功，可重复再现通过人工编程存储起来的作业程序。

7.1985年，哈尔滨工业大学主持研制的我国第一台“华宇Ⅰ型”（HY-Ⅰ型）弧焊机器人摆上展台。

8.1985年，工业机器人被列入国家“七五”科技攻关计划研究重点。

9.1987年，我国自行研制成第一台点焊机器人——华宇-Ⅰ型点焊机器人。

10.1987年12月18日，我国制成第一部完全国产化机器人——冶钢1号机器人。

11.1988年，邮电部北京邮政规划院开发了邮政分拣用的自动导引车系统，

12.1991年，沈阳自动化研究所自主研制成功了国产自动导引车，并第一次无故障运转在国内汽车生产线上。

13.1994年3月16日，哈尔滨工业大学与沈阳自动化研究所等合作研制的我国第一台壁面爬行遥控检查机器人顺利通过国家“863”计划自动化领域智能机器人主题专家组的验收和航天工业总公司主持的鉴定。

14.1994年11月25日，哈尔滨工业大学与大庆石油管理局第一采油厂有关人员合作研制的我国首台磁吸附爬壁机器人通过专家鉴定。这台机器人是油田注水站金属罐防腐专用的机器人，内容新颖，具有开创性。

15.1996年，中国科学院沈阳自动化研究所首先将无线局域网应用到了自动导引车的通信系统，在世界上也是最早应用无线局域网的公司之一。

16.1997年，哈尔滨工业大学研制成功第一代壁面清洗爬壁机器人，为国内首创。机器人动作敏捷，带着吸盘迅速爬上70m的高楼，与腰拴绳索的高楼清洗工并肩上岗。

17.1998年，中国科学院沈阳自动化研究所开发出了基于磁导航技术的全方位的自动导引车装配系统，并将该系统用于一汽轿车厂的总装车间。

18.2000年4月，中国科学院沈阳自动化研究所成立新松机器人公司，标志着中国工业机器人走上了产业化发展道路。

19.2000年11月29日，我国独立研制的第一台类人型机器人“先行者”在国防科技

大学实验室完成。

20. 2003 年 7 月，红旗无人驾驶车辆完成封闭环境高速公路试验，最高车速达到 130km/h。

21. 2003 年，清华大学研制成功 THMR-V（Tsinghua Mobile Robot-V）型无人驾驶车辆，最高车速超过 100km/h。

22. 2005 年，中国科学院沈阳自动化研究所研制出一台能够在纳米尺度上操作的机器人系统样机。

23. 2005 年 12 月，北京海军总医院通过互联网遥控机器人，进行了世界首例互联网遥控机器人“开颅”脑外科手术。

24. 2007 年，哈尔滨工业大学研制成功微声爬壁机器人。这种爬壁机器人采用负压吸附、单吸盘、四轮移动结构方式，具有移动快、吸附可靠、适应多种墙壁表面、噪声低、结构紧凑、控制方便灵活等特点。

25. 2009 年 12 月，国内首家研发商用陀螺仪系列惯性传感器的 MEMS 芯片设计公司深迪半导体发布旗下第一款陀螺仪产品 SSZ030CG，这标志着我国第一款拥有知识产权的商用 MEMS 陀螺仪诞生。

26. 2010 年 8 月，我国第一台自行设计、自主集成研制的“蛟龙号”载人潜水器 3000m 级海试取得成功，标志着我国继美国、法国、俄罗斯、日本之后，成为世界上第五个掌握 3500m 以上大深度载人深潜技术的国家。

27. 2011 年 2 月，我国首次研制出用于监测“三维力”的机器人触觉传感器。

28. 2012 年，华为成立诺亚方舟实验室，并研发出神经应答机。

29. 2014 年 8 月 7 日，黑龙江省体育局、神州通信集团共同承办的“第一届全国机器人运动大会”在黑龙江省哈尔滨市举行。

30. 2014 年，我国首创了重载双移动机器人系统，能让两个 40t 的重载 AGV（自动导引车）协同工作。

31. 2015 年 11 月 23 日，第一届世界机器人大会在北京国家会议中心举行。

32. 2016 年 4 月 15 日，中国科学技术大学发布中国首台特有体验交互机器人“佳佳”，在传统功能性体验之外，中国科学技术大学首次提出并探索了机器人品格定义，以及机器人形象与其品格和功能协调一致性。

33. 2017 年，我国首台拥有自主知识产权的真空机器人研制成功，可以在真空环境下水平移动重达 16kg 的半导体材料。

34. 2017 年 12 月 2 日，深圳无人驾驶公交车正式上线运营，这是我国首个投入使用的无人驾驶公交车。

35. 2017 年 12 月 10 日，百度无人驾驶车实现国内首次城市、环路及高速道路混合路况下的全自动驾驶，最高速度达到 100km/h。

36. 2018 年 2 月 15 日的央视春晚上，百度阿波罗（Apollo）无人车在荧幕上高调亮相。

37.2018 年 11 月 22 日，在“伟大的变革——庆祝改革开放 40 周年大型展览”上，第三代国产骨科手术机器人“天玑”模拟做手术。

38.2019 年 4 月 22 日，百度无人驾驶巴士“阿波龙”在首届数字中国建设峰会首次面对公众开放试乘。

39.2019 年 7 月 8 日，来自中国的火神队获“RoboCup2019”（机器人世界杯）奖杯。

40.2019 年 8 月 21 日，世界机器人论坛（World Forum on Robot 2019，WFR2019）在北京展开。

41.2020 年 5 月，全国首例七轴协作机器人辅助全髋关节置换手术在西安交通大学第二附属医院由“ARTHROBOT”手术机器人成功完成。

42.2020 年 11 月，第一台锅炉水冷壁智能巡检无人机在江西新昌电厂通过验收并正式通过投运。实现了在大型密闭空间无 GPS 信号和地磁信号情况下的无人机自主导航飞行，且能对锅炉五类故障进行自动识别，极大缩短了水冷壁检修时间及人工成本。

43.2021 年 5 月 7 日，我国首台“一键式”人机交互 7000m 自动化钻机研制成功，标志着我国成为全球少数可自主研制自动化钻机的国家。

44.2022 年 1 月，同济大学应用团队应用世界领先的人体三维模型识别算法及自适应机器人技术，结合机电一体化无针注射器设计，联合多家技术企业和中国心血管医生创新俱乐部（CCI），共同开发了国内第一款全自动无针头疫苗注射机器人。

45.2022 年 11 月 15 日，美的集团发布公告，库卡少数股东持有的全部库卡股份已由其全资子公司广东美的电气有限公司完成收购，前述收购完成后，美的电气通过其全资境外子公司间接合计持有工业机器人“四大家族”之一的库卡 100％股权。

参 考 文 献

[1] 梅生伟．电力系统的伟大成就及发展趋势 [J]. 科学通报，2020，65 (06)：442-452.

[2] 孙宏斌．能源互联网 [M]. 北京：科学出版社，2020.

[3] 杨子铭．全球化视域下发达国家输配电价管理与经验借鉴 [J]. 改革与战略，2017，33 (04)：167-170.

[4] 张铁，谢存禧．机器人学 [M]. 广州：华南理工大学出版社，2005.

[5] 蒋慧荣．第四次工业革命将如何影响电力能源行业 [J]. 电力设备管理，2019，(05)：20+33.

[6] 蔡泽祥，李立涅，刘平，等．能源大数据技术的应用与发展 [J]. 中国工程科学，2018，20 (02)：72-78.

[7] 杨勇平，段立强，杜小泽，等．多能源互补分布式能源的研究基础与展望 [J]. 中国科学基金，2020，34 (03)：281-288.

[8] 田维青．电力机器人技术在电网中的应用研究 [J]. 应用能源技术，2019，(06)：45-46.

[9] 杨勤，张震伟，杨茉，等．基于故障预警系统的燃煤发电设备状态检修 [J]. 中国电力，2019，52 (03)：109-115.

[10] 华志刚，郭荣，汪勇．燃煤智能发电的关键技术 [J]. 中国电力，2018，51 (10)：8-16.

[11] 童光毅，曹虹，王伟．安全是技术——技术进步是保障电力安全的前提与基础 [J]. 智慧电力，2019，47 (08)：12-17.

[12] 加鹤萍，丁一，宋永华，等．信息物理深度融合背景下综合能源系统可靠性分析评述 [J]. 电网技术，2019，43 (01)：1-11.

[13] 张文建，梁庚，梁凌，等．智能发电技术体系建设探讨与展望 [J]. 热力发电，2019，48 (10)：1-7.

[14] 杨新民，曾卫东，肖勇．火电站智能化现状及展望 [J]. 热力发电，2019，48 (09)：1-8.

[15] 赵俊杰，冯树臣，孙同敏，等．智能机器人技术在燃煤智慧电厂的功能设计与应用 [J]. 能源科技，2020，18 (04)：35-42.

[16] 邓志东．智能机器人发展简史 [J]. 人工智能，2018 (03)：6-11.

[17] 陆昱方．综述智能机器人的发展与组成 [J]. 通讯世界，2019，026 (001)：305-306.

[18] 孟庆春，齐勇，张淑军，等．智能机器人及其发展 [J]. 中国海洋大学学报（自然科学版），2004，034 (005)：831-838.

[19] 任福继，孙晓．智能机器人的现状及发展 [J]. 科技导报，2015，33 (21)：32-38.

[20] 陶永，王田苗，刘辉，等．智能机器人研究现状及发展趋势的思考与建议 [J]. 高技术通讯，2019，29 (02)：149-163.

[21] 孙华，陈俊风，吴林．多传感器信息融合技术及其在机器人中的应用 [J]. 传感器与微系统，2003，22 (9)：1-5.

[22] 张旭．发那科机器人 iRvision 视觉系统在涂装生产线上的应用 [J]. 现代涂料与涂装，2019，22 (1)：68-70.

[23] 许洋洋，王莹，薛东彬．采用改进模糊神经网络 PID 控制的移动机器人运动误差研究 [J]. 中国

工程机械学报，2019，17（6）：510-515.
[24] 袁海辉，葛一敏，甘春标．不确定性扰动下双足机器人动态步行的自适应鲁棒控制［J］. 浙江大学学报（工学版），2019，53（11）：2049-2057，2075.
[25] 罗璟，赵克定，陶湘厅，等．工业机器人的控制策略探讨［J］. 机床与液压，2008，36（10）：95-97，100.
[26] 罗连发，储梦洁，刘俊俊．机器人的发展：中国与国际的比较［J］. 宏观质量研究，2019，7（3）：38-50.
[27] 张爱林．机器人智能滑模变结构控制方法的研究［D］. 湖南大学，2018.
[28] 张卓，张程．机械臂末端轨迹跟踪的自适应鲁棒控制［J］. 机器人技术与应用，2018，（4）：31-35.
[29] 张华胜，宋旋漩，潘礼正．基于滑模变结构控制的路径跟踪研究［J］. 计算机测量与控制，2019，27（11）：106-109，115.
[30] 温素芳，朱齐丹，张小仿．基于模糊控制器的移动机器人路径规划仿真［J］. 应用科技，2005，32（4）：31-33.
[31] 蔡成涛，朱齐丹．基于模糊控制器的移动机器人路径规划仿真［J］. 计算机仿真，2008，25（3）：182-184，285.
[32] 王哲，冯晓辉，李艺铭，等．智能机器人产业的现状与未来［J］. 人工智能，2018，（3）：12-27.
[33] 杨娟，陈小红．智能机器人产业发展趋势及广东对策研究［J］. 新经济，2017，（12）：55-60.
[34] 李刚，王玉娟，兰凤文，等．面向半失能老人的移动辅助机器人设计与实验［J］. 机械传动，2021，45（04）：142-151.
[35] 孙硕．微创手术机器人操作的虚拟训练仿真及自主学习研究［D］. 哈尔滨工业大学，2020.
[36] 闫志远，梁云雷，杜志江．腹腔镜手术机器人技术发展综述［J］. 机器人技术与应用，2020（02）：24-29.
[37] 董杰．静脉采血机器人原理样机的设计与实验［D］. 哈尔滨工业大学，2019.
[38] 李泽群．近距离放疗穿刺机器人系统关键技术研究［D］. 哈尔滨工业大学，2019.
[39] 潘阳，高峰．一种行走操作一体化的六足步行机器人［A］. 中国机械工程学会机械传动专业学会机构学专业委员会．第十八届中国机构与机器科学国际学术会议论文集［C］// 中国机械工程学会机械传动专业学会机构学专业委员会：中国机械工程学会机械传动专业学会机构学专业委员会，2012：5.
[40] 祁辉，韩立超，张朋，等．基于 10kV 高压带电作业机器人搭火线夹的研制［J］. 机械工程与自动化，2019（01）：126-127.
[41] 郑荣，宋涛，孙庆刚，等．自主式水下机器人水下对接技术综述［J］. 中国舰船研究，2018，13（06）：43-49＋65.
[42] 陶永，王田苗，刘辉，等．智能机器人研究现状及发展趋势的思考与建议［J］. 高技术通信，2019，29（02）：149-163.
[43] 蔡自兴．中国机器人学 40 年［J］. 科技导报，2015，33（21）：23-31.
[44] 王田苗，陶永．我国工业机器人技术现状与产业化发展战略［J］. 机械工程学报，2014，50（09）：1-13.
[45] 颜云辉，徐靖，陆志国，等．仿人服务机器人发展与研究现状［J］. 机器人，2017，39（04）：

551-564.
[46] 高峰，郭为忠．中国机器人的发展战略思考 [J]. 机械工程学报，2016，52 (07)：1-5.
[47] 谭民，王硕．机器人技术研究进展 [J]. 自动化学报，2013，39 (07)：963-972.
[48] 郭守盛．机器人智能化研究技术要点与发展 [J]. 湖北农机化，2018 (05)：59.
[49] 曹克刚．机器人智能化研究的关键技术与发展展望 [J]. 科技创新导报，2017，14 (10)：2-3.
[50] 陶敏，陈新，孙振平．移动机器人定位技术 [J]. 火力与指挥控制，2010，35 (07)：169-172.
[51] 高国富．机器人传感器及其应用 [M]. 北京：化学工业出版社，2005.
[52] 周华．多传感器融合技术在移动机器人定位中的应用研究 [D]. 武汉理工大学，2009.
[53] 雷凡．基于 I. MX6 的工业机器人示教器硬件平台设计与驱动开发 [D]. 华中科技大学，2017.
[54] 赵俊杰，陆海涛，吴豪，等．基于人工智能算法的智能视频识别燃煤火电厂跑冒滴漏 [J]. 神华科技，2019，17 (9)：40-44.
[55] 邓一夫．火电厂燃料输煤系统运行安全问题与相关措施分析 [J]. 科学技术创新，2018 (33)：164-165.
[56] 魏鹏，张志强，张春熹，等．无人值守变电站巡检机器人导航系统研究 [J]. 自动化与仪表，2009，24 (12)：5-8，25.
[57] 曹长剑．煤场盘煤系统研究与设计 [D]. 西安工业大学，2011.
[58] 钟慧．简析商品煤样人工采取方法 [J]. 黑龙江科技信息，2014，(24)：140-140.
[59] 邵曙光，李鹏峰．一种机器人采制样系统在选煤厂的应用 [J]. 中国无机分析化学，2020，10 (1)：20-24.
[60] 陈浩．工业锅炉水垢的危害及化学清洗方法 [J]. 环球市场，2019，(36)：381.
[61] 刘锋，孙震，姚春利，等．光伏电池板清洁技术研究综述 [J]. 清洗世界，2016，32 (05)：26-29.
[62] 邢玉东．光伏清洁机器人的设计与实现 [D]. 2019.
[63] 段春艳，冯泽君，许继源，等．光伏电站运维机器人系统的设计与制作 [J]. 电子世界，2019，000 (001)：125-127.
[64] 常慧．基于光伏电站的无人机全自动巡检系统的应用研究 [J]. 太阳能，2019，297 (01)：47-49.
[65] 杨心萌，刘逸玮，王蒙．基于光伏效应的巡检机器人系统设计 [J]. 机电信息，2016 (18)：123-123.
[66] 张子迎．水下机器人运动控制方法研究 [D]. 哈尔滨工程大学，2005.
[67] 王双飞．水下桩安装协同机器人系统仿真研究 [D]. 天津大学，2008.
[68] Monteiro R V A, Guimaraes G C, Moura F A M, et al. Estimating photovoltaic power generation: Performance analysis of artificial neural networks, Support Vector Machine and Kalman filter [J]. Electric Power Systems Research, 2017, 143 (Feb.): 643-656.
[69] Evseev E G, Kudish A I. The assessment of different models to predict the global solar radiation on a surface tilted to the south [J]. Solar Energy, 2009, 83 (3): 377-388.
[70] M. C. Alonso-García, Ruiz J M, Chenlo F. Experimental study of mismatch and shading effects in the I-V characteristic of a photovoltaic module [J]. Solar Energy Materials and Solar Cells, 2006, 90 (3): 329-340.
[71] 丰飞，严思杰，丁汉．大型风电叶片多机器人协同磨抛系统的设计与研究 [J]. 机器人技术与应用，2018，(5)：16-24.

[72] 崔家平，李赢正，杨洁，等．风电机组塔筒连接螺栓检修机器人结构设计 [J]. 重型机械，2018，(3)：57-61.

[73] 王雨，张慧博，戴士杰，等．风电叶片打磨机器人柔性末端终端滑模力控制 [J]. 计算机集成制造系统，2019，25 (7)：1757-1766.

[74] 靳晓东．关于风机齿轮箱常见故障的分析与改进 [J]. 电子技术与软件工程，2013，(009)：50.

[75] 秦希雯．海上双馈型风力发电机组自动消防机器人系统设计 [D]. 华北电力大学，2014.

[76] 董渝瑾，陆亮，蔡文琪，等．深远海域漂浮式风电基础水下安装机器人的适用性分析 [J]. 太阳能，2018，(6)：54-60.

[77] 潘泉，王增福，梁彦，等．信息融合理论的基本方法与进展（Ⅱ）[J]. 控制理论与应用，2012，29 (10)：1233-1244.

[78] Waltz E L，Buede D M．Data Fusion and Decision Support for Command and Control [J]. IEEE Transactions on Systems Man & Cybernetics，2007，16 (6)：865-879.

[79] 崔姝瑶．基于多传感器数据融合的障碍物识别技术的研究与实现 [D]. 国防科技大学，2018.

[80] 黄志刚，李俞．输煤系统常见设备故障检修与治理 [J]. 中国设备工程，2017 (19)：85-86.

[81] 栾贻青，李建祥，李超英，等．高压开关柜局部放电检测机器人的开发与应用 [J]. 中国电力，2019，52 (03)：169-176.

[82] 李娜，王军，董兴法，等．基于改进 Hough 变换的指针式仪表识别方法 [J]. 液晶与显示，2021，36 (08)：1196-1203.

[83] 李红元，陈禾，吴德贯，等．用超声波检测法对 GIL 设备两次局放的诊断与分析 [J]. 高压电器，2016，52 (02)：68-73.

[84] 黎少辉，顾军，钱建生，等．封闭储煤场高空轨道盘煤机器人系统设计 [J]. 煤炭科学技术，2019，47 (09)：208-213.

[85] 李学相，彭崇高．基于三维建模算法在激光盘煤的研究 [J]. 电脑知识与技术，2015，11 (28)：174-176.

[86] 王凯杰，朱潘鑫，臧剑南．火电厂智能燃料全流程一体化发展方向 [J]. 现代制造技术与装备，2020，56 (11)：29-34.

[87] 姬鄂豫，杨立伟．电站凝汽器脉冲化学清洗技术的应用 [J]. 清洗世界，2018，34 (12)：9-11.

[88] 张伟，陈宁，彭伟，等．火电厂凝汽器高压水射流在线清洗机器人技术介绍 [J]. 内蒙古电力技术，2008，26 (05)：30-32.

[89] 王亚丽，闫九祥，张艳芳，等．光伏板清洁机器人运动学建模与仿真 [J]. 机床与液压，2019，47 (15)：53-57.

[90] 严宇，邹德华，刘夏清，等．高压输电线路带电检修机器人的研制 [J]. 现代制造工程，2017 (09)：29-35.

[91] 宋孟军，张明路．多足仿生移动机器人并联机构运动学研究 [J]. 农业机械学报，2012，43 (03)：200-206.

[92] 袁千军．露天煤场运用多旋翼无人机盘煤系统的研究与应用 [J]. 科技创新导报，2020，17 (02)：79-80.

[93] 蔡文霞．基于无人机的封闭煤场体积测量系统设计 [J]. 石家庄学院学报，2019，21 (06)：117-122.

[94] 韩腾飞，邱金凯，车成军，等．湿法脱硫烟囱的腐蚀现状与检测技术［A］．中冶建筑研究总院有限公司．2020年工业建筑学术交流会论文集（下册）［C］//中冶建筑研究总院有限公司：工业建筑杂志社，2020：4.

[95] 陈镜伊，张锋剑．红外热成像技术在烟囱腐蚀检测中的应用［J］．河南建材，2014（06）：31-33.

[96] 王喜辉．火电厂烟囱钢内筒腐蚀检测技术［J］．无损探伤，2011，35（02）：35-37.

[97] 陈泌垩，范菁．无人机在输电线路巡检中应用的探索［J］．电工技术，2019（03）：80-81+85.

[98] 汤坚，杨骥，宫煦利．面向电网巡检的多旋翼无人机航测系统关键技术研究及应用［J］．测绘通报，2017（05）：67-70.

[99] 杨成顺，杨忠，葛乐，等．基于多旋翼无人机的输电线路智能巡检系统［J］．济南大学学报（自然科学版），2013，27（04）：358-362.

[100] 刘巧，吕新良，蒲路，等．基于无人机的风电叶片巡检［J］．电子质量，2017（11）：51-53.

[101] 张国祥．无人机在光伏电厂巡检中的应用［J］．电子技术与软件工程，2019（22）：212-213.

[102] 席志鹏，楼卓，李晓霞，等．集中式光伏电站巡检无人机视觉定位与导航［J］．浙江大学学报（工学版），2019，53（05）：880-888.

[103] 徐进，丁显，宫永立，等．无人机智能巡检在风电光伏故障检测中的应用［J］．设备管理与维修，2019（07）：170-172.

[104] 常慧．基于光伏电站的无人机全自动巡检系统的应用研究［J］．太阳能，2019（01）：45-47.

[105] 石一飞．风电叶片玻璃纤维复合材料相控阵超声检测［J］．无损检测，2018，40（11）：56-58.

[106] 顾兴旺，李婷，龙士国，等．风电叶片智能高效便携式C扫描超声检测系统开发［J］．测控技术，2018，37（08）：121-125.

[107] 骆浩华．叶片检测用爬壁机器人路径规划和触力柔顺控制［D］．中国计量学院，2014.

[108] 吕琼莹，王晓博，焦海坤，等．针对风电维护任务的小型磁力爬壁车的设计［J］．长春理工大学学报（自然科学版），2013，36（Z2）：88-91.

[109] 唐诗洋，门永生，于振，等．特高压铁塔高空作业辅助机器人攀登系统［J］．中国电力，2020，53（12）：177-182.

[110] 赵玉良，戚晖，李健，等．高压带电作业机器人系统的研制［J］．制造业自动化，2012，34（05）：114-117.

[111] 许崇新，赵玉良，赵生传，等．主从式遥操作配网带电作业机器人研究［J］．机床与液压，2019，47（23）：102-105.

[112] LEE S M，LEE H S，LEE H H．Development of Hybrid Real Time Wide-band Electronic Radiation Dosimeter for a Mobile Robot．IEEE Sensors Applications Symposium，2006：141-146.

[113] 李红双，王博，刘展鹏．一种可躲避障碍多功能攀爬机器人的设计与试验测试［J］．机械设计，2020，37（S1）：55-57.

[114] 朱继懋．潜水器设计［M］．上海：上海交通大学出版社，1992.

[115] 桑恩方，庞永杰，卞红雨．水下机器人技术［J］．机器人技术与应用，2003，（3）：55-59.

[116] 杜功焕，等．声学基础［M］．南京：南京大学出版社，2001.

[117] 孙玉山，甘永，王丽荣，等．基于VxWorks的水下机器人控制器的设计［N］．南开大学学报（自然科学版），2005，38（增刊）：174-177.

[118] 刘学敏，徐玉如．水下机器人运动的S面控制方法［J］．海洋工程，2001，19（3）：81-84.

[119] 王银斌，刘国强，刘凡，等．智能巡检技术在地下综合管廊中的应用研究［A］．中国土木工程学会．中国土木工程学会2018年学术年会论文集［C］//中国土木工程学会：中国土木工程学会，2018：10.

[120] 刘嘉诚，陈涛，朱郧涛，等．城市地下管道机器人［J］．湖北农机化，2017（05）：58-59.

[121] 科信．堤坝安全检测水下机器人问世［J］．水利天地，2003（02）：39.

[122] 甘永，孙玉山，万磊．堤坝检测水下机器人运动控制系统的研究［J］．哈尔滨工程大学学报，2005（05）：19-23.

[123] 孙玉山，庞永杰，万磊，秦再白．堤坝检测水下机器人GDROV方案研究［J］．船海工程，2006（01）：84-86.

[124] 李晨．一种水下管道巡检机器人的设计与优化［J］．中国科技信息，2020（01）：73-74.

[125] 钟先友．小型水下视频检查机器人方案设计［J］．机械研究与应用，2006（02）：102-103+113.

[126] 唐旭东，庞永杰，张赫，等．基于单目视觉的水下机器人管道检测［J］．机器人，2010，32（05）：592-600.

[127] 张丽．基于单目视觉的水下目标识别与三维定位技术研究［D］．哈尔滨工程大学，2010.

[128] 尚云超．基于单目视觉的水下目标识别与定位技术研究［D］．哈尔滨工程大学，2008.

[129] 董渝瑾，陆亮，蔡文琪，等．深远海域漂浮式风电基础水下安装机器人的适用性分析［J］．太阳能，2018（06）：54-60.

[130] 章威，谢伟华，包彦明，等．运载火箭技术成熟度评价应用研究［J］．军民两用技术与产品，2019（11）：36-41.

[131] 徐吉辉，梁颖，亓尧．装备研制中的技术成熟度评价方法研究［J］．科技管理研究，2016，36（02）：66-70.

[132] 周涛，于兰萍，张勇．技术成熟度评价方法应用现状及发展［J］．计算机测量与控制，2015，23（05）：1609-1612.

[133] 孙冲，刘磊，曹强．海军装备技术体系中的系统成熟度评价方法研究［J］．国防科技，2014，35（04）：54-58/62.

[134] 李达，王崑声，马宽．技术成熟度评价方法综述［J］．科学决策，2012（11）：85-94.

[135] 李瑶．航空发动机技术成熟度评价方法研究［J］．燃气涡轮试验与研究，2010，23（02）：48-51.

[136] 梁振飞，叶葳，李勇，等．基于人工智能技术的风力发电机组叶片清洗检查机器人的应用［A］．中国农业机械工业协会风力机械分会．第六届中国风电后市场交流合作大会论文集［C］//中国农业机械工业协会风力机械分会：中国农业机械工业协会风力机械分会，2019：5.

[137] 颜海波．R品牌扫地机器人中国市场营销策略研究［D］．浙江工业大学，2019.

[138] 宗光华．中国机器人热的反思与前瞻（一）——我国工业机器人产业近况评估［J］．机器人技术与应用，2019（01）：18-25.

[139] 胡云云．上海市机器人产业竞争力研究［D］．上海工程技术大学，2016.

[140] 何珺．ABB：探索机器人进阶之路［J］．今日制造与升级，2021（12）：16-21.

[141] 计时鸣，黄希欢．工业机器人技术的发展与应用综述［J］．机电工程，2015，32（1）：13.

[142] 景凯凯，袁顺刚，胡林林．机器人关键技术综述变电站智能巡检［J］．科技风，2021.

[143] 黄山，吴振升，任志刚，等．电力智能巡检机器人研究综述［J］．电测与仪表，2020，57（2）：13.

[144] 顾祺源．独立自主知识产权的国产智能机器人操作系统 [J]. 人工智能，2018，No.4 (03)：46-54.

[145] 谭铜磊．四旋翼无人机室外导航定位技术研究 [D]. 哈尔滨工程大学，2018.

[146] 王希彬，赵国荣，寇昆湖．无人机视觉 SLAM 算法及仿真 [J]. 红外与激光工程，2012，41 (6)：1653-1658.

[147] Pooja Agrawal，Ashwini Ratnoo，Debasish Ghose. Inverse optical flow ba-sed guidance for UAV navigation through urban canyons [J]. Aerospace Scienc-e and Technology，2017，14 (6)：163-178.

[148] 程海彬，鲁浩．机载武器 SINS/BDS 组合导航自适应滤波算法研究 [J]. 航空兵器，2017，23 (1)：28-32.

[149] 周新建，刘祥勇．大型油罐爬壁机器人吸附结构的优化设计 [J]. 机械设计与制造 2014 (9)：181-184.

[150] 陈勇，王昌明，包建东．新型爬壁机器人磁吸附单元优化设计 [J]. 兵工学报，2012，33 (12)：1539-1544.

[151] 吕蠢，王从庆．一种爬壁机器人的吸附机构分析和设计 [J]. 液压与气动，2012 (9)：46-49.

[152] 朱志强，熊艳红．一种爬壁机器人无源真空吸附和行走装置的研制 [J]. 机械，2017，44 (7)：40-42.

[153] Yan，C.，Sun，Z.，Zhang，W. et al. Design of novel multidirectionalmagn-etized permanent magnetic adsorption device for wall-climbing robots. Int. J. Precis. Eng. Manuf. 17，871-878 (2016)． https：//doi. org/10. 1007/s12541-016-0106-9.

[154] 史宝强．爬壁机器人结构设计及拓扑优化 [D]. 湘潭大学，2018.

[155] 刘永平，张世一，蔺卡宾．玻璃幕墙清洗机器人爬壁运动控制系统设计 [J]. 机械与电子，2015 (9)：72-75.

[156] 王姝婷，齐永锋，陆柳延，等．双向清洗机器人玻璃幕墙完全遍历路径规划 [J]. 机械设计与制造，2013 (11)：211-213.

[157] 高娜娜，黄欢，李林琛．真空吸附式爬壁机器人本体受力分析与仿真 [J]. 北京工业职业技术学院学报，2022，21 (03)：1-5.

[158] 张嘉宁，张明路，李满宏，等．面向灰库清理的超大伸缩比机械臂结构设计与刚度优化 [J]. 工程设计学报，2022，29 (04)：430-437.

[159] Jianlong Zhang，Wenhe Liao，Yin Bu，Wei Tian，Junshan Hu. Stiffness properties analysis and enhancement in robotic drilling application [J]. The Internationa-l Journal of Advanced Manufacturing Technology，2020，106 (11)．

[160] Matteo Palpacelli. Static performance improvement of an industrial robot by means of a cable-driven redundantly actuated system [J]. Robotics and Computer Integrated Manufacturing，2016，38.

[161] 程健，祖丰收，王东伟，等．露天储煤场无人机自动盘煤系统研究 [J]. 煤炭科学技术，2016，44 (05)：160-165. DOI：10. 13199/j. cnki. cst. 2016. 05. 031.

[162] 王江，薛铁柱，魏龙．无人机盘煤在火力发电企业燃料管理中的应用 [J]. 华电技术，2019，41 (06)：78-80.

[163] 冯逸骅．基于旋翼无人机的烟囱内壁腐蚀监测可行性研究 [D]. 中国计量学院，2016.

[164] 陈逸鹏．湿法脱硫尾气排放的烟羽扩散测量试验及数值模拟研究［D］．南京师范大学，2018.

[165] 关贤军，郭玲，单伽锃，等．基于无人机成像的烟囱表面缺陷检测技术研究［J］．北京建筑大学学报，2022，38（03）：77-83. DOI：10.19740/j.2096-9872.2022.03.09.

[166] 王震，张海磊，刘少军，等．某高耸钢筋混凝土烟囱的检测及安全性评估［J］．工程质量，2020，38（12）：49-51+55.

[167] 郑书潺．基于无人机悬挂平台的烟囱内部图像采集技术研究［D］．中国计量大学，2020. DOI：10.27819/d.cnki.gzgjl.2020.000266.

[168] 风机那么高，叶片咋检查．［EB/OL］［2021-10-30］（2022-11-28）https：//www.the-paper.cn/newsDetail_forward_15148550.

[169] 无人机解决方案让风力叶片涡轮机检测变得容易．［EB/OL］［2021-12-02］（2022-11-28）https：//zhuanlan.zhihu.com/p/440470765.

[170] 王浩，闫号，叶海瑞，等．基于无人机的光伏电站智能巡检［J］．红外技术，2022，44（05）：537-542.

[171] 闫萍，王赶强．电致发光成像测试晶体硅光伏组件缺陷的方法标准解读［J］．标准化研究，2020（9）：29-31.

[172] 黑科技揭秘:代替人工巡检的无人机巡检,到底是怎样工作的．[EB\OL].[2020-04-24](2022-11-28). https://www.saimo.cn/news/detail.aspx? ID=233&ClassID=144115188075855872.

[173] 郭智俊，丁莞尔，周剑武，等．无人机智能巡检在光伏电站组件诊断中的应用［J］．能源工程，2022，42（02）：40-44. DOI：10.16189/j.cnki.nygc.2022.02.008.

[174] 潘焕焕，赵言正，高学山，等．水冷壁爬壁机器人的本体结构设计［J］．机械设计与制造工程，2000（5）.

[175] 张浩．风电塔筒检测爬壁机器人机构设计及其力学特性研究［D］．河北工业大学，2019. DOI：10.27105/d.cnki.ghbgu.2019.001007.

[176] 罗欣，丁晓军．地面移动作业机器人运动规划与控制研究综述［J］．哈尔滨工业大学学报，2021，53（01）：1-15.

[177] 颜云辉，徐靖，陆志国，等．仿人服务机器人发展与研究现状［J］．机器人，2017，39（04）：551-564.

[178] 徐恩松，陆文华，刘云飞，等．基于卡尔曼滤波的数据融合算法与应用研究［J］．计算机技术与发展，2020，30（05）：143-147.

[179] 黄山，吴振升，任志刚，等．电力智能巡检机器人研究综述［J］．电测与仪表，2020，57（02）：26-38.

[180] 蒋新强，丁杰康，刘洋，等．巡检机器人输煤栈桥智能识别应用［J］．工业控制计算机，2021，34（08）：83-84+86.

[181] 华生辉．基于宽带谱处理的机械系统故障检测方法研究［D］．杭州电子科技大学，2021.

[182] 范李平，熊威，吴喜春，等．一种高压开关室悬挂轨道式智能巡检机器人的设计与应用［J］．电气开关，2021，59（04）：14-18.

[183] 熊一凡．基于暂态地电压及超声波对开关柜局部放电检测的研究与应用［D］．南昌大学，2020.

[184] 浙江首台变电站室内智能巡检机器人启用［J］．内蒙古电力技术，2017，35（03）：4.

[185] 林钰灵．GIS设备内部缺陷局部放电诊断技术的应用研究［D］．华南理工大学，2018.

[186] 田景奇，王献文，赵璐，等．智慧电厂柔性导轨式 3D 激光盘煤机器人的应用分析 [J]. 能源科技，2022，20 (03)：41-45.

[187] 张波，刘春雷，刘琴，等．激光盘煤技术在火电厂储煤场管理中的应用 [J]. 激光杂志，2014，35 (05)：53-55+58.

[188] 厉力波，路永鑫，魏云冰．一种电缆沟自动巡检机器人设计方案 [J]. 电工技术，2021，(14)：31-33.

[189] 马新惠，刘豪，杨芳林．变电站电缆沟自动巡检机器人设计 [J]. 机电信息，2020，(35)：112-113.

[190] 邵曙光，李鹏峰．一种机器人采制样系统在选煤厂的应用 [J]. 中国无机分析化学，2020，10 (01)：20-24.

[191] 杨勇，任率．机器人制样系统关键技术研究及性能试验 [J]. 煤质技术，2022，37 (03)：64-71.

[192] 孙引忠，韩泰然．工业机器人智能化验系统在选煤厂的应用 [J]. 煤矿机电，2019，40 (02)：61-65.

[193] 董佳莹．凝汽器在线除垢机器人系统关键技术研究 [D]. 哈尔滨工程大学，2016.

[194] 牛永超．光伏清洗机器人实时环境构建与路径规划技术的研究 [J]. 能源与节能，2020，(10)：58-62.

[195] 黄晓辰．核反应堆水下异物打捞机器人系统分析与实验研究 [D]. 河北工业大学，2016.

[196] 张志义，李彰，朱性利，等．核电应急处置机器人系统的开发与应用 [J]. 中国应急管理科学，2021，(06)：71-84.

[197] 邢应春，甄武东，刘年国，等．基于双目视觉反馈遥操作的配网带电作业机器人设计与实验 [J]. 工业控制计算机，2022，35 (01)：13-15+18.

[198] 汤明东．智能变电站隔离断路器带电作业机器人关键技术 [D]. 上海交通大学，2019.

[199] 李光茂，杨森，占鹏，等．配网带电作业机器人系统的设计 [J]. 机床与液压，2022，50 (09)：66-70.

[200] 尹项迎，蔺飞飞．智能巡检机器人的现状与发展趋势 [J]. 科技视界，2020，(24)：160-162.

[201] 罗欣，丁晓军．地面移动作业机器人运动规划与控制研究综述 [J]. 哈尔滨工业大学学报，2021，53 (01)：1-15.

[202] 冯常，王从政，赵建平，等．核环境作业机器人研究现状及关键技术分析 [J]. 光电工程，2020，47 (10)：88-98.

[203] 司晓，曹建峰．论人工智能的民事责任：以自动驾驶汽车和智能机器人为切入点 [J]. 法律科学（西北政法大学学报），2017，35 (05)：166-173. DOI：10.16290/j.cnki.1674-5205.2017.05.016.

[204] 计时鸣，黄希欢．工业机器人技术的发展与应用综述 [J]. 机电工程，2015，32 (1)：13.

[205] 景凯凯，袁顺刚，胡林林．机器人关键技术综述变电站智能巡检 [J]. 科技风，2021.

[206] 黄山，吴振升，任志刚，等．电力智能巡检机器人研究综述 [J]. 电测与仪表，2020，57 (2)：13.

[207] 顾祺源．独立自主知识产权的国产智能机器人操作系统 [J]. 人工智能，2018，No.4 (03)：46-54.

编写组寄语

电力行业智能机器人因其全天候、全自主、无死角的定期监测、精密诊断和高可靠性优势，正逐渐成为电力行业智能化发展的创新装备之一。智能机器人能够不断提高电力企业安全运行管理水平及降低人工成本，符合未来电力行业智能化的发展趋势。谨以此书为铺路石，希望在我国电力行业智能机器人的未来研究和应用中，提供一些探索和借鉴的经验，并在不远的将来引领全球发展方向。

——国家电力投资集团有限公司　华志刚

在社会生产力要求不断提高的今天，电力的生产和输送已成为保障现代社会发展和稳定的关键一环。智能机器人作为工业文明高度发展的结晶，已成为电力行业从业者密不可分的战友和伙伴，愿读者通过阅读本书，能增进对电力行业智能机器人的兴趣，并能为电力行业的智能生产、智慧经营，注入新的思考，引领新的突破。

——上海发电设备成套设计研究院有限责任公司　郭　荣

智能机器人产业是我国跻身创新型国家和科技强国的重要支撑，是新一轮能源革命的核心驱动力。加快人工智能技术的深度应用，促进传统电力行业数字化、智能化转型升级，是电力企业培育发展新动能、打造竞争新优势的必然选择。这是智慧的时代，更是我们的时代！

——上海发电设备成套设计研究院有限责任公司　汪　勇

电力行业智能机器人技术符合我国“十四五”能源发展转型背景下的方向，通过运用各种电力智能机器人代替一线员工深入现场开展工作，在这几年里逐渐成为电力企业在运维管理中的新举措、新方法。希望此书能带给同行朋友们一点启发，在电力数字化的革新浪潮中，善用机器人技术创造价值，从而事半功倍！

——上海发电设备成套设计研究院有限责任公司　林润达

智能化机器人的应用给电力行业高质量发展提供了新抓手，也必将助力电力行业在推进能源革命、建设能源强国的伟大实践中贡献更大的力量！

——国家电投集团营销中心　应波涛

数字化、智能化技术是方法与手段，不是目标，只有与能源行业高质量发展的需求有效融合，才能切实提升能源生产过程的安全与高效，促进能源低碳转型，助力双碳目标的实现。

——上海明华电力科技有限公司　姚　峻

电力智能机器人的应用与创新将有效提升电力行业安全生产、能源保供、提质增效、智慧运维等管理水平，极大地助力电力行业实现绿色发展、智慧发展、创新发展。

——中电华创电力技术研究有限公司　俞卫新

国家及主管部门在智能制造、机器人和电力系统的产业政策上为行业发展提供了良好的政策环境。随着我国智能电力建设范围逐步扩大，智能化改造升级进程逐步深化，技术改造中的智能化、无人化已成为必然趋势，电力系统的智能产品也将迎来新一轮发展契机。

——国核电站运行服务技术有限公司　张宝军

电力行业智能机器人深度融合各类人工智能技术，在解决电力企业运行、维护、管理和经营各环节的实际问题中发挥着愈发重要的作用，为企业“提质、降本、增效”贡献力量，促进电力行业的数字化、智能化发展。仅以此书为我国电力行业智能机器人的发展和应用，奉献一份绵薄之力。

——上海发电设备成套设计研究院有限责任公司　范佳卿

当前，智能机器人在电力行业的应用持续突破、深度渗透，广泛赋能于安全生产、经济运行、检修维护等场景，极大地改进了劳动条件，提高了工作效率。本书对新形势下“AI＋电力”的细分应用场景、关键技术发展等进行了梳理、分析和展望，希望给从事电力行业智能机器人研究、生产、应用的人员提供参考，共同促进能源数字化、智能化发展。

——国家电投集团创新投资有限公司　黄传海

智能机器人技术是人类近现代科学技术高度发展的结晶。在电力行业研究与应用智能机器人技术，代替人工管理和巡查发电、输电、变电、配电等一系列电力设备设施，必能为电力行业带来新的发展动力，也是我国电力行业发展突破的必然趋势。

——上海发电设备成套设计研究院有限责任公司　张　越

七十多年前，世界上第一台计算机诞生的时候，人们并不知道它会给人类社会带来如此翻天覆地的变化，但是今天我们可以很清晰地预见到机器人对我们工作生活带来的变革，智能化的浪潮正在翻涌，是被吞没沉沦、裹挟前行还是挺身弄潮，你准备好了吗？

——上海发电设备成套设计研究院有限责任公司　陈家颖

智慧电厂的特征之一是少人化、无人化，机器人则是实现该目标的重要途径，机器人的应用可有效提升巡检工作的规范性和信息化水平，保障人身安全，降低检修劳动强度。本书包含大量的电力领域机器人应用调研信息，为各位同仁开展机器人应用研究工作提供了非常有价值的参考信息。

——中国自动化学会发电自动化专业委员会　孙长生

以数字化、智能化推动构筑能源电力行业新生态，是全球低碳化转型的重要组成。随着5G、大数据、全链路监测等数字技术快速突破，智能机器人已成为电力行业有效节省人力，提高运维效率，降低故障发生率，提升设备管理水平的重要助手。本书向读者呈现了电力行业智能机器人的技术和前景，相信可以吸引更多同行一同投身到电力行业数字化、智能化事业中。

——国家电投集团战略研究院　李春雨

电力机器人产业有着广阔的发展前景，并且已经成为能源电力行业转型升级的重要方向。本书紧跟能源行业发展大势，通过对电力机器人产业现状的研究、关键技术的介绍，以及行业市场需求分析，使我们对电力行业“机器人＋”有了更加全面深刻的理解，也将为电力行业智能机器人产业化发展提供指引和借鉴。

——国家电投集团战略研究院　李小丽

智能机器人技术是新时代高质量发展的必然选择。“十四五”规划明确提出，到2025年我国成为全球机器人技术创新策源地、高端制造集聚地和集成应用新高地。随着人工智能、5G、工业互联网等“新基建”的加速落地，智能机器人应用场景会进一步拓宽。助力生产一线显著降低成本、提升效率、保障作业安全的机器人技术必将成为电力能源数字化转型的坚强基石。

——北京宇时易能科技发展有限公司　李晓斐

智能机器人技术的快速发展引领了传统电力行业的改革，通过将智能机器人技术研究成果应用于传统电厂，不仅能解决目前电力行业的一些疑难杂症，也能使电力行业紧跟时代的步伐。多学科领域交叉在电力行业发展中的重要作用定将日益体现，成为世界电力行业发展的风向标。

——东北大学信息科学与工程学院　华兆博

智能机器人是软件和硬件技术的高度融合，在当前能源转型和新型电力系统迅速发展的大背景下，智慧运维、无人值守已经是电力行业发展的必然趋势。本书以电力系统需求为出发点，系统分析了电力行业各方向智能机器人需求和相关技术，希望通过此书促进智能机器人技术的进步与应用，共同推进电力行业进步。

——国家电投集团中央研究院　李　宁

如果没有自动化，人类或许还可以用电，但不会有如今的大机组、大电网。如果没有电，自动化将是无源之水、无本之木。可见，电与自动化相伴相生、相辅相成。机器人作为自动化和人工智能的重要载体，必将在电力行业高质量发展中发挥不可或缺的作用。惟愿此书能为机器人在电力行业的普及应用贡献微薄之力。

——国家电投集团战略研究院　张轲轲

电力领域智能化的建设离不开机器人的应用，智能机器人在电厂的输煤系统、汽机房零米层、锅炉炉膛内部等多种场合都得到了实际的应用。相信智能机器人会在电厂智能化建设的道路上不断体现出更多、更有用的价值。

——国网浙江省电力有限公司电力科学研究院　蔡钧宇

自动化、数字化、智能化浪潮风起云涌，机器人作为高度灵活性的自动化设备，已在电力行业的缺陷检测、运行维护等方面发挥着重要作用，并成为电力企业智能化建设和降本增效的主要抓手。本书系统总结了电力行业智能机器人的应用场景及技术，为相关从业人员应用智能机器人提供了有价值的参考。

——国家电投集团战略研究院　侯　勇

智能巡检机器人通过携带多种传感器实现了现场数据采集，利用人工智能和大数据技术加以分析，实现了巡检工作的规范化、信息化、数据化，对提升运行管理水平、提高劳动效率都将起到积极的促进作用。

——淮沪煤电有限公司田集发电厂　秦　锋

保障电力供应安全是我国能源发展战略中的重要组成部分，电厂设备巡检则是其中的关键一环。研究多种智能巡检机器人技术，开发遵循电厂巡检管理规范、符合电厂实际工况场景的智能巡检平台，是电厂产业智能化转型升级的必经之路，也是我们发电人所期盼的！

——淮沪煤电有限公司田集发电厂　时国瑜

随着信息技术、人工智能技术的发展，智能机器人逐步深入电力行业，走进日常生产活动当中，变电站巡检机器人、输电线路巡视无人机等已经大规模推广应用。在保障电力设备安全稳定运行方面，机器人正在扮演着越来越重要的角色。

——国核电站运行服务技术有限公司　刘一舟

随着智能机器人与自动化技术的快速发展，在电力行业，智能化、无人化已成为一种必然趋势，智能机器人将赋能电力行业运维、巡检、检测等工作。目前我国已开发出一系列具有自主知识产权的智能自动化产品，智能机器人也将迎来新一轮发展契机。

——国核电站运行服务技术有限公司　赵　琛

当前，智能机器人的引入和规模化应用，一定是能源电力行业未来发展的必然选择。本书对智能机器人的行业研究及应用作了全面深入的梳理、剖析，为行业人士和决策者提供了一份精美的思维地图。

——西安电之杰信息科技有限公司　吴　杰

本书对发电厂智能巡检机器人的类型、场景、应用案例和发展趋势做了充分论述，是一本指导意义大、创新内容丰富、实用性强的工具书。希望本书能够为电力企业相关从业人员在智能巡检机器人实践应用方面提供有效帮助。

——南京天创电子技术有限公司　刘　爽

电力行业智能机器人的研发与应用，是实现减人增效和本质安全的关键途径，也是智慧能源企业的典型标志之一！

——北京必可测科技股份有限公司　何立荣

新型电力系统构建需要新技术、新设备的支撑和推动，智能机器人在电力行业的使用有效促进了行业的智能化、数字化转型发展，两者的融合将会打造电力行业数字化发展的新型生态体系。

——国家电投集团战略研究院　杜景龙

能源电力与智能数字技术融合发展是新时代推动我国能源产业链现代化的关键引擎，电力行业智能机器人技术作为能源行业与数字化协同发展的代表领域，是赋能电力产业转型升级，把握新一轮科技革命和产业变革新机遇的战略选择。本书为读者描绘了智能机器人未来在电力行业全面应用的美好图景，对知识普及、研究参考等具有重要意义。

——国家电投集团战略研究院　李　穹

自1771年工业革命起，历经4次技术革命，时代已推进到软件和数字化技术关键时期，数字化、智能化、智慧化成为新时代的代名词。国家立足新型产业结构和能源变革转型趋势，鼓励本书中列举的电力机器人创新企业能顺应时代潮流，以技术为本，以务实的理念加入全球技术竞争中，引领电力行业变革，争做新时代的“弄潮儿”。

——深圳图为技术有限公司　邱永生

电力行业智能机器人技术在践行智慧电厂数字化、智能化阶段过程中勇当技术探索排头兵，为智慧电厂的全域发展，解决电厂可持续发展难题添砖加瓦！

——上海行力自动化控制有限公司　殷学敏